# 机械制图习题集

**主　编**　邓启超　汤精明
**副主编**　桂　珍　石　平
**参　编**（按姓氏笔画排序）
　　　　　王银凤　邓启超
　　　　　石　平　汤精明
　　　　　孙丽丽　肖亚平
　　　　　桂　珍

中国科学技术大学出版社

## 内 容 简 介

本习题集针对非机械类工科专业的特点,选编了大量的读图习题,突出了以读图为主的精神,力求结合教学实际,强调实用性。

本习题集与邓启超老师和汤精明老师主编的《机械制图》教材配套使用,也可单独作为相关专业的工程制图习题集与其他教材配合使用。

**图书在版编目(CIP)数据**

机械制图习题集/邓启超,汤精明主编. —合肥:中国科学技术大学出版社,2013.8
(2021.8重印)

ISBN 978-7-312-03238-7

Ⅰ. 机… Ⅱ. ①邓… ②汤… Ⅲ. 机械制图—高等学校—习题集 Ⅳ. TH126-44

中国版本图书馆CIP数据核字(2013)第170108号

| | |
|---|---|
| 出版 | 中国科学技术大学出版社<br>安徽省合肥市金寨路96号,230026<br>http://press.ustc.edu.cn<br>https://zgkxjsdxcbs.tmall.com |
| 印刷 | 合肥市宏基印刷有限公司 |
| 发行 | 中国科学技术大学出版社 |
| 经销 | 全国新华书店 |
| 开本 | 787 mm×1092 mm  1/8 |
| 印张 | 15.5 |
| 字数 | 198千 |
| 版次 | 2013年8月第1版 |
| 印次 | 2021年8月第6次印刷 |
| 定价 | 25.00元 |

# 前 言

工程制图是一门技术性很强的技术基础课,只有通过不断的绘图和读图练习才能掌握工程制图的基本理论、方法和技能。本习题集与邓启超老师和汤精明老师主编的《机械制图》教材配套使用,习题集的编排顺序与教材的顺序一致。主要内容按章节分为:制图的基本知识和技能,点、直线和平面的投影,换面法,立体的投影,轴测投影,组合体,机件常用的表达方法,标准件和常用件,零件图,装配图,表面展开图,AutoCAD 基础和建筑制图简介等共 13 个部分。

本书由安徽工程大学机械与汽车工程学院图学教研室组织编写,参加编写的有(按姓氏笔画排序):王银凤老师、邓启超老师、石平老师、汤精明老师、孙丽丽老师、肖亚平老师、桂珍老师。本习题集由邓启超老师和汤精明老师担任主编,全书由邓启超老师统稿并定稿。

本习题集在编写的过程中参考了国内一些同类习题集,在此特向有关作者表示感谢。由于编者水平有限,书中一定存在不足之处,敬请广大师生批评指正。

编 者<br>2013 年 4 月

# 目 录

第1章 制图的基本知识和技能 ……………………………… ( 1 )
第2章 点、直线和平面的投影 ……………………………… ( 6 )
第3章 换面法 ……………………………………………… (11)
第4章 立体的投影 ………………………………………… (12)
第5章 轴测投影 …………………………………………… (18)
第6章 组合体 ……………………………………………… (21)
第7章 机件常用的表达方法 ……………………………… (28)
第8章 标准件和常用件 …………………………………… (40)
第9章 零件图 ……………………………………………… (43)
第10章 装配图 …………………………………………… (51)
第11章 表面展开图 ……………………………………… (58)
第12章 AutoCAD 基础 …………………………………… (59)
第13章 建筑制图简介 …………………………………… (60)

第1章　制图的基本知识和技能　　专业班级　　姓名　　学号　01

1. 描写下列字，注意字体的书写。

机械制图技术要求旋转其余标注零件装配螺栓铸造圆角倒角涂镀热处理调质

灰铁沉孔均布齿轮弹簧键销设计审核比例材料工艺滚动轴承表面粗糙度公差

A B C D E F G H I J K L M N 1 2 3 4 5 6 7 8 9 0 ±φ° a b c d e g h i j k l p q r s t w x y z

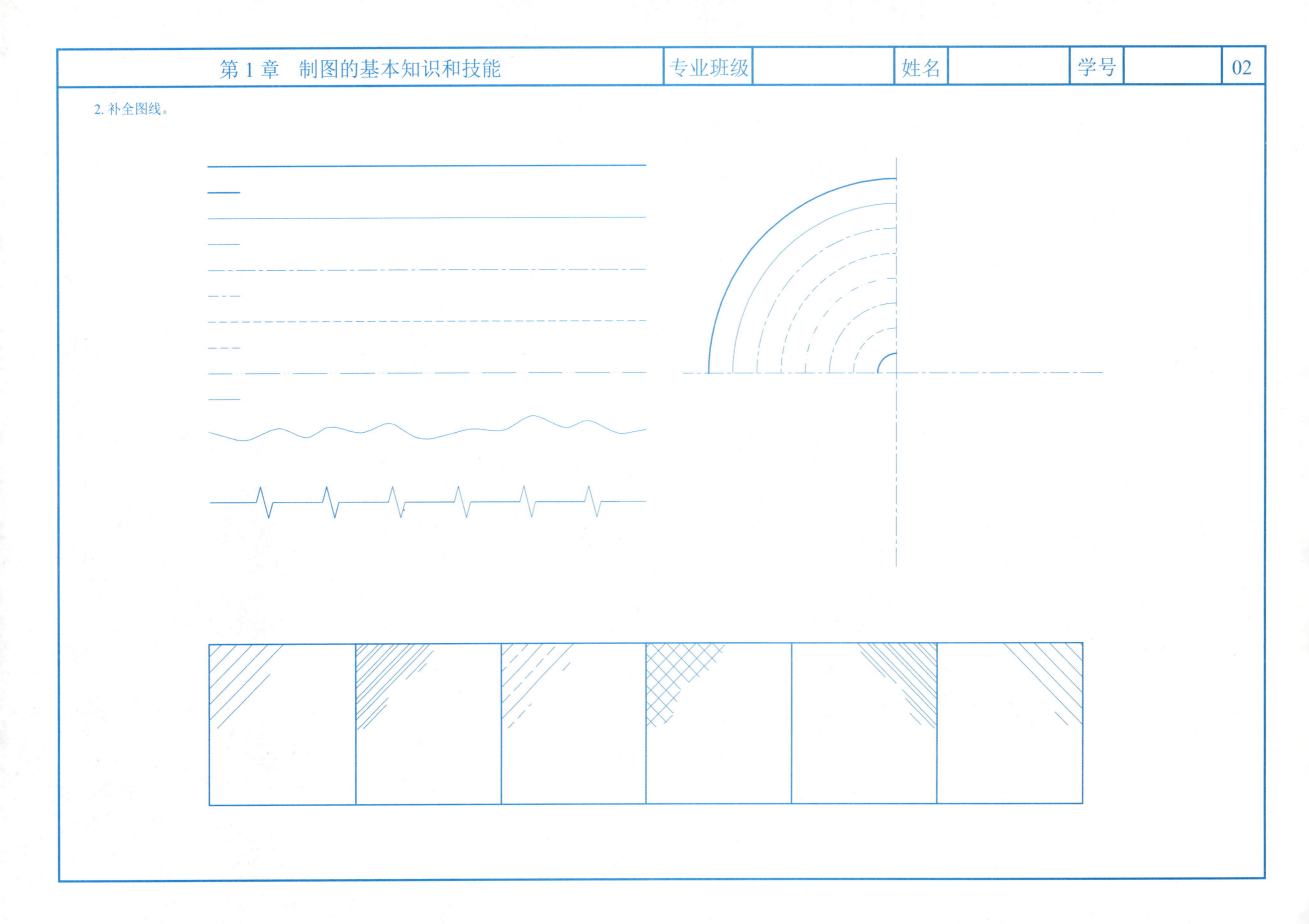

| 第1章 制图的基本知识和技能 | 专业班级 | 姓名 | 学号 | 03 |

3. 用 1∶2 的比例在指定位置画出下面的图形,并标注尺寸。

(1)

(2)

4. 分别画出 $\phi 70$ 的圆的内接正五边形、正六边形。

| 第 1 章　制图的基本知识和技能 | 专业班级 | | 姓名 | | 学号 | | 04 |

**5. 分别用同心圆法和四心法画出长、短轴各为 70 mm 和 45 mm 的椭圆。**

**6. 按下面图形中的尺寸在右侧空白处画出该平面图形，并标注尺寸。**

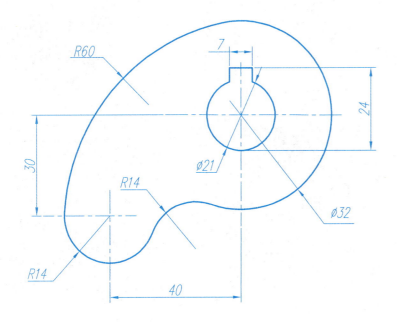

7. 用适当的比例在 A3 幅面的图纸上画出下面的图形,并标注尺寸。

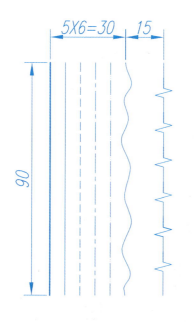
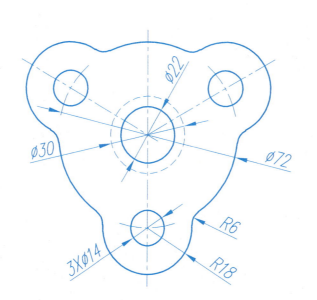
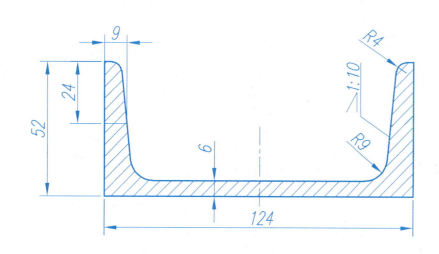
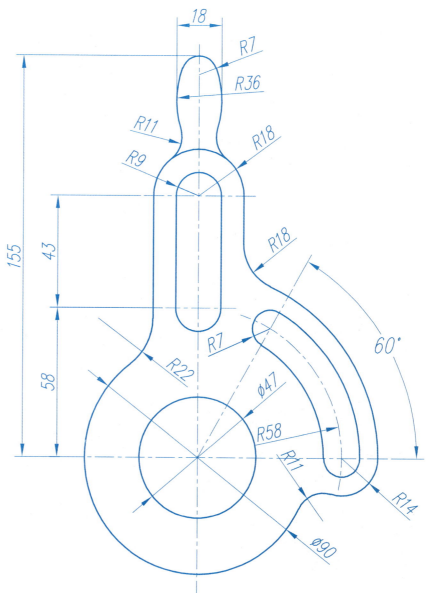

# 第 2 章 点、直线和平面的投影

1. 根据 A、B、C 三点的立体图作出它们的投影图（尺寸按 1∶1 从立体图上直接量取），并填写它们的坐标值。

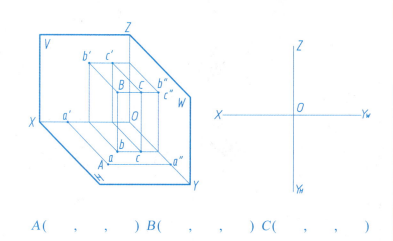

A( , , ) B( , , ) C( , , )

2. 已知各点的两面投影，画出它们的第三投影。

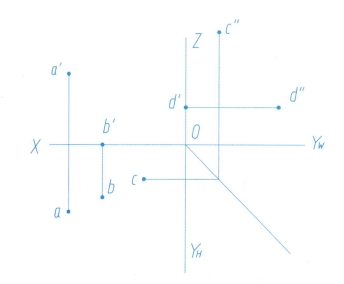

3. 已知点 B 在点 A 之左 8 mm，之前 5 mm，之上 6 mm；点 C 在点 A 之右 6 mm，之后 5 mm，之下 6 mm。作出点 B 和点 C 的三面投影。

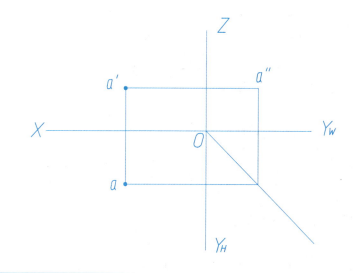

4. 已知 A(12,16,19)、B(28,16,8)、C(12,16,8) 三点的坐标，作出各点的三面投影，并判别其可见性，把点的不可见投影加上括号。

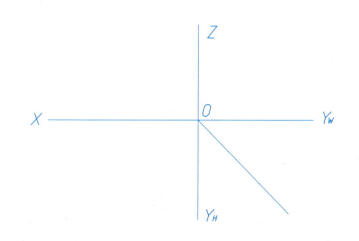

5. (1) 已知 AB 为正平线，AB=20 mm，α=45°，作出直线 AB 的三面投影。

(2) 已知直线 CD 的端点 C 的投影，CD 长 16 mm，D 在 C 之前且 CD 垂直 V 面，求其投影。

(1) 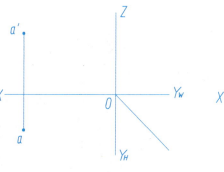   (2)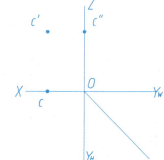

6. 在投影图上标出立体图上所示各直线的三面投影，并说明它们是什么位置的直线。

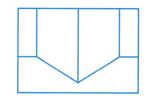 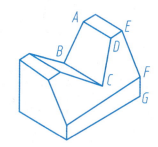

AB：____线　DE：____线　BC：____线
EF：____线　CD：____线　FG：____线

# 第 2 章 点、直线和平面的投影

7. 已知直线 AB 与 V 面倾角 β=30°，求其另一投影。

(1)         (2)

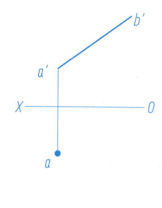

8. 求直线 AB 的实长及其对 H、V 面的倾角 α、β。

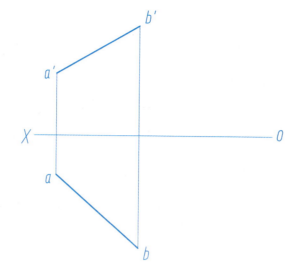

9. 判断下列各图中点 C 是否在直线 AB 上。

(1)         (2)

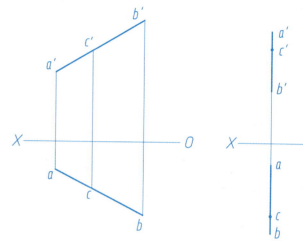

10. 已知点 C 在直线 AB 上，作点 C 的两投影，并符合给定条件。

(1) AC：CB =2:1；    (2) AC=15 mm。

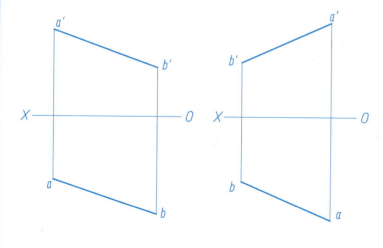

11. 判断下列两直线的相对位置。

(1)                  (2)

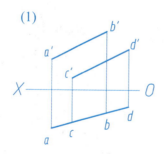 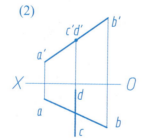

(3)                  (4)

 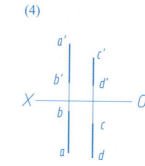

12. 画出符合给定条件的直线。
(1) 过点 C 作直线 CD 平行于 H 面，与直线 AB 相交于 D 点。
(2) 作直线 EF 垂直于 W 面，且分别与直线 AB、CD 相交于 E、F 点。

(1)         (2)

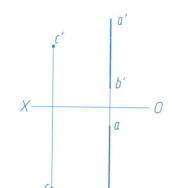 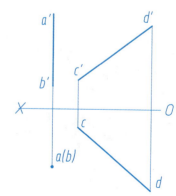

# 第 2 章　点、直线和平面的投影

13. 利用直角投影定理，完成下列各题：

(1) 过点 M 作一直线 MN 与正平线 AB 垂直相交，交点为 N 点。

(2) 已知 △ABC 为等腰三角形，其中底边 AB 为水平线，补全 △ABC 的水平投影。

(1)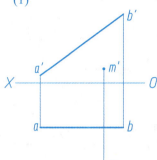
(2)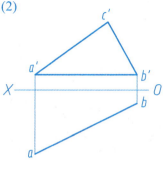

14. 标注出各重影点的另一投影。

(1) 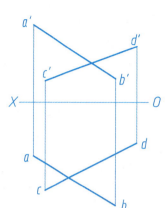　(2)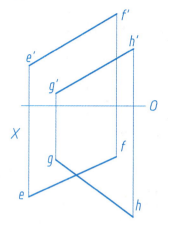

15. 作两交叉直线 AB、CD 的公垂线 EF，并标明 AB、CD 间的真实距离。

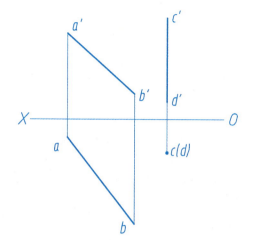

16. 作一直线 MN 与直线 CD 与 EF 相交，且与直线 AB 平行。

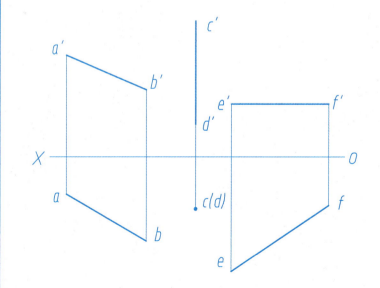

17. 填写下列位置平面的名称和倾角。

(1) 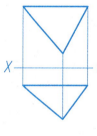 ____面
α=　,β=　,γ=

(2) 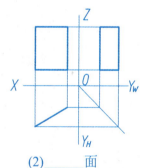 ____面
α=　,β=　,γ=

(3)  ____面
α=　,β=　,γ=

(4) 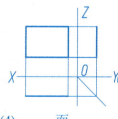 ____面
α=　,β=　,γ=

18. 完成平面五边形 ABCDE 的正面投影。

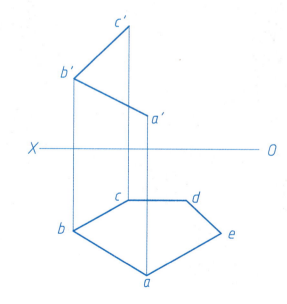

# 第 2 章 点、直线和平面的投影

**19.** 判断点 D 是否在平面 ABC 上。

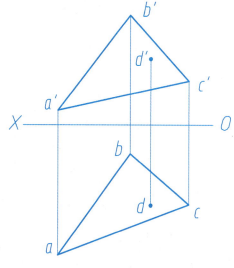

D 点 _____ 平面 ABC 上

**20.** 在△ABC 平面内作一距 V 面距离为 15 mm 的正平线。

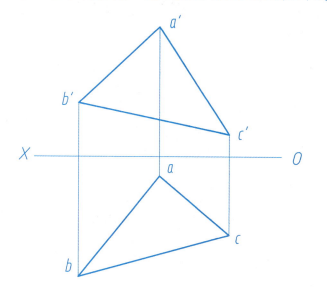

**21.** 过点 A 作一直线与△DEF 平行且与直线 MN 相交。

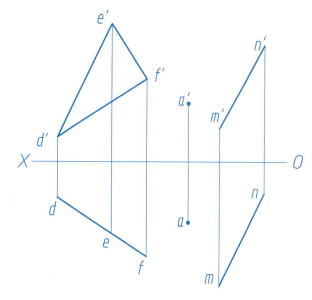

**22.** (1) 过点 E 作一平面平行于已知平面 ABC；
(2) 已知△KMN // △DEF，试完成△DEF 的投影。

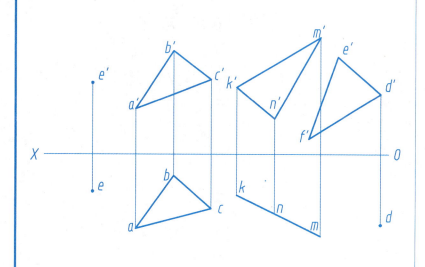

**23.** 求直线 DE 与△ABC 的交点 K 的两面投影，并判别可见性。

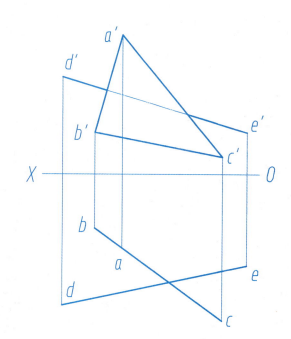

**24.** 作直线 AB 与平面 CDEF 的交点的两面投影，并判别可见性。

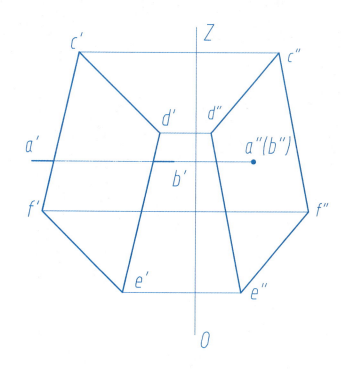

# 第 2 章 点、直线和平面的投影

25. 过直线 AB 和 CD 各作一平面，使其相互平行。

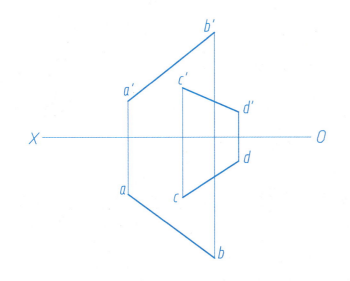

26. 作两平面 EFG 和 PQRS 的交线，并表明其可见性。

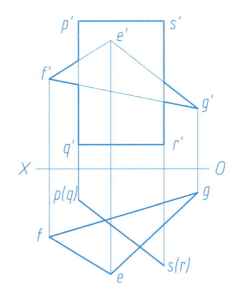

27. 作两平面 ABC 和 DEFG 的交线，并表明其可见性。

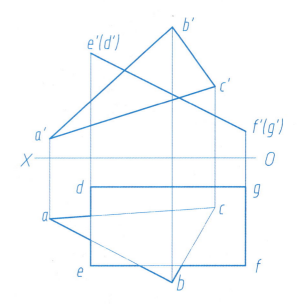

28. 求 A 点到平面 DEF 的距离。

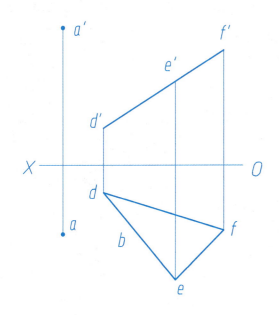

29. 求线段 AB 的实长及倾角 α、β。

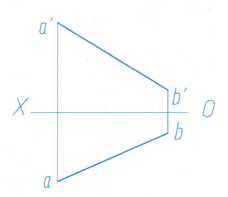

30. 已知线段 AB 与 V 面倾角 β=30°，作线段 AB 的水平投影。

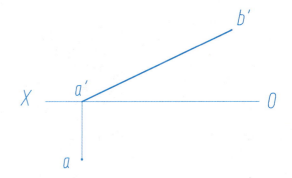

# 第 3 章 换 面 法

1. 求 E 点到 △ABC 的距离。

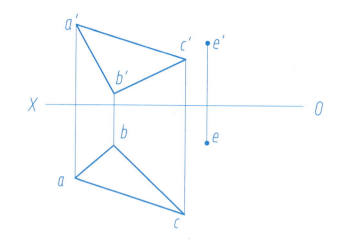

2. 求 △ABC 的实形。

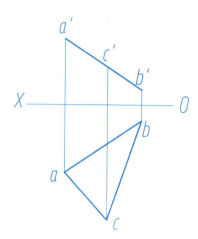

3. 已知 △ABC 与 △DEF 平行且相距 20 mm，求 △DEF 的两面投影。

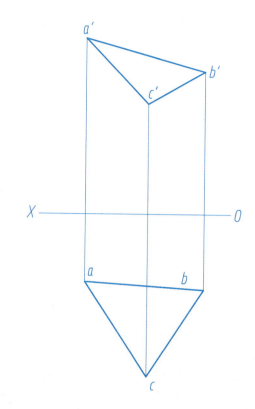

4. 求两相交直线 AB、AC 的夹角。

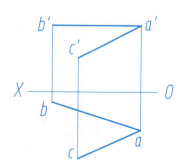

5. 求平行两直线 AB、CD 的距离。

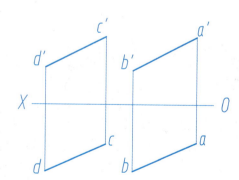

# 第4章 立体的投影(立体表面上的点与线)

**1.** 作三棱柱的水平投影，并补全其表面上各点的三面投影。

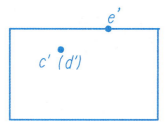
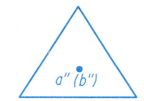

**2.** 作五棱柱的侧面投影，并补全其表面折线 ABCDE 的水平投影和侧面投影。

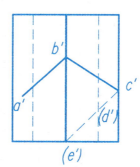
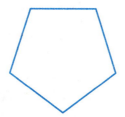

**3.** 作斜三棱柱表面上各点的三面投影。

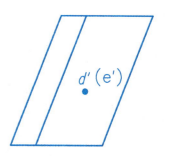
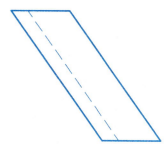
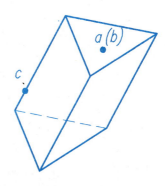

**4.** 作三棱锥的侧面投影，并补全表面折线 ABCD 的正面投影和侧面投影。

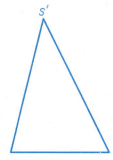
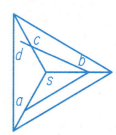

**5.** 作圆柱的侧面投影，并补全其表面各点的三面投影。

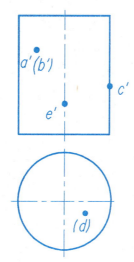

**6.** 补全圆锥表面上各点的三面投影。

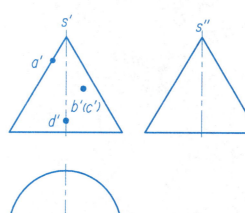
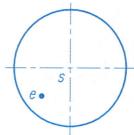

**7.** 补全半球表面上各点的三面投影。

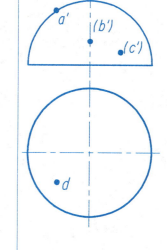
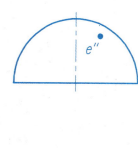

第 4 章　立体的投影(立体表面上的点与线)　专业班级　　姓名　　学号　　13

8. 完成圆柱的水平投影,并补全圆柱表面上直线 AB、曲线 BC、圆弧 CDE 的三面投影。

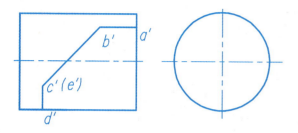

9. 完成圆锥的侧面投影,并补全其表面上直线 SC、曲线 BC、圆弧 AB 的三面投影。

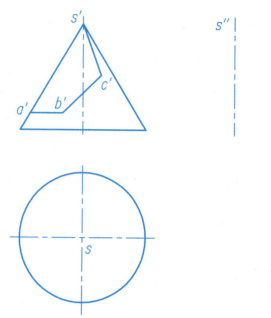

10. 完成半球表面上圆弧 AB、圆弧 BC、圆弧 CD 的水平投影和侧面投影。

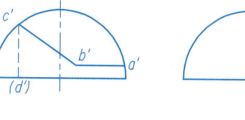

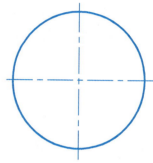

11. 完成圆台的侧面投影,并作出其表面上曲线 AB 的水平投影和侧面投影。

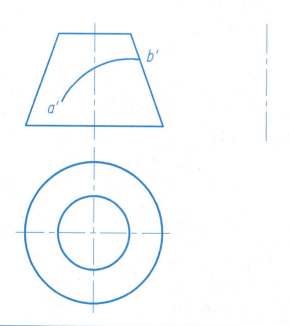

12. 完成圆环表面上各点的两面投影。

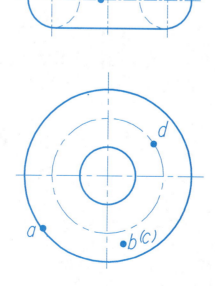

13. 完成组合回转体的水平投影,并补全其表面上各点的三面投影。

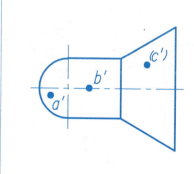

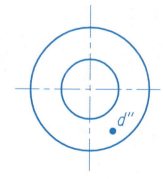

## 第4章 立体的投影（平面与平面立体表面相交）

**14.** 四棱锥被正垂面截切，补全其水平投影和侧面投影。

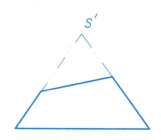 

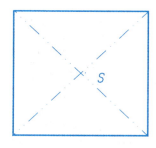

**15.** 补全四棱锥被截切后的水平投影和侧面投影。

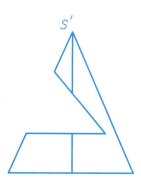

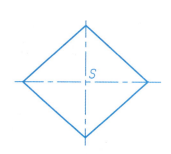

**16.** 六棱柱被正垂面截切，作出其侧面投影。

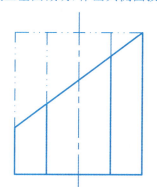

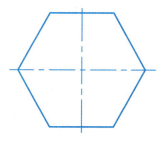

**17.** 完成三棱柱被穿矩形孔后的侧面投影。

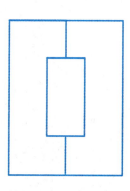

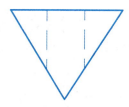

**18.** 完成四棱柱被穿孔后的侧面投影。

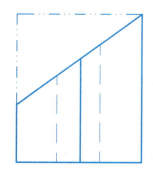

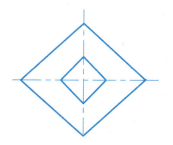

**19.** 根据所给的立体图，补全其水平投影和侧面投影。

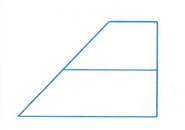 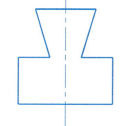

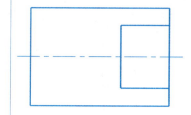 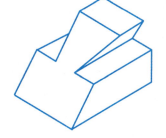

| 第4章 立体的投影(平面与回转体表面相交) | 专业班级 | 姓名 | 学号 | 15 |

**20.** 完成圆柱被截切后的水平投影和侧面投影。

**21.** 完成圆柱被截切后的水平投影和侧面投影。

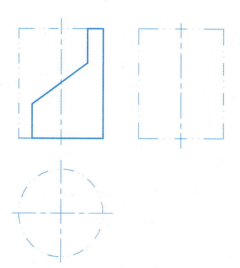

**22.** 完成圆锥被截切后的水平投影和侧面投影。

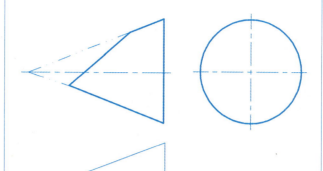
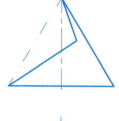
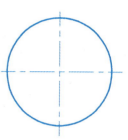

**23.** 完成圆锥被截切后的水平投影和侧面投影。

**24.** 完成圆锥被截切后的水平投影和侧面投影。

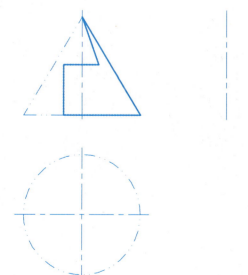

**25.** 完成球被截切后的水平投影和侧面投影。

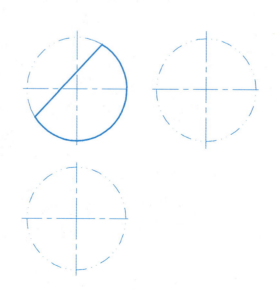

**26.** 完成球被截切后的水平投影和侧面投影。

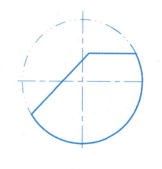

# 第 4 章 立体的投影(平面与回转体表面相交)

27. 完成下列各回转体被截切或穿孔后的三面投影。

(1)
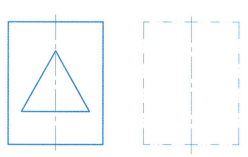
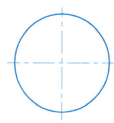

(2)
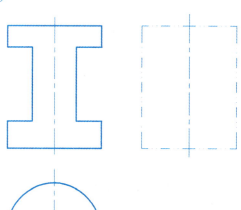

(3)

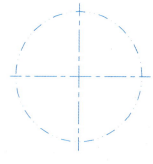

(4)
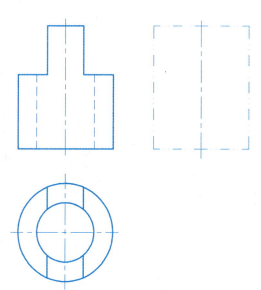

(5)
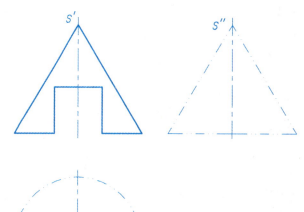

(6)
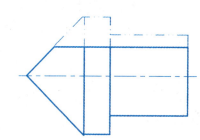
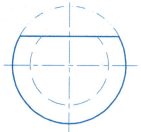
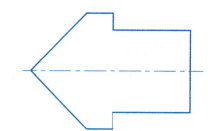

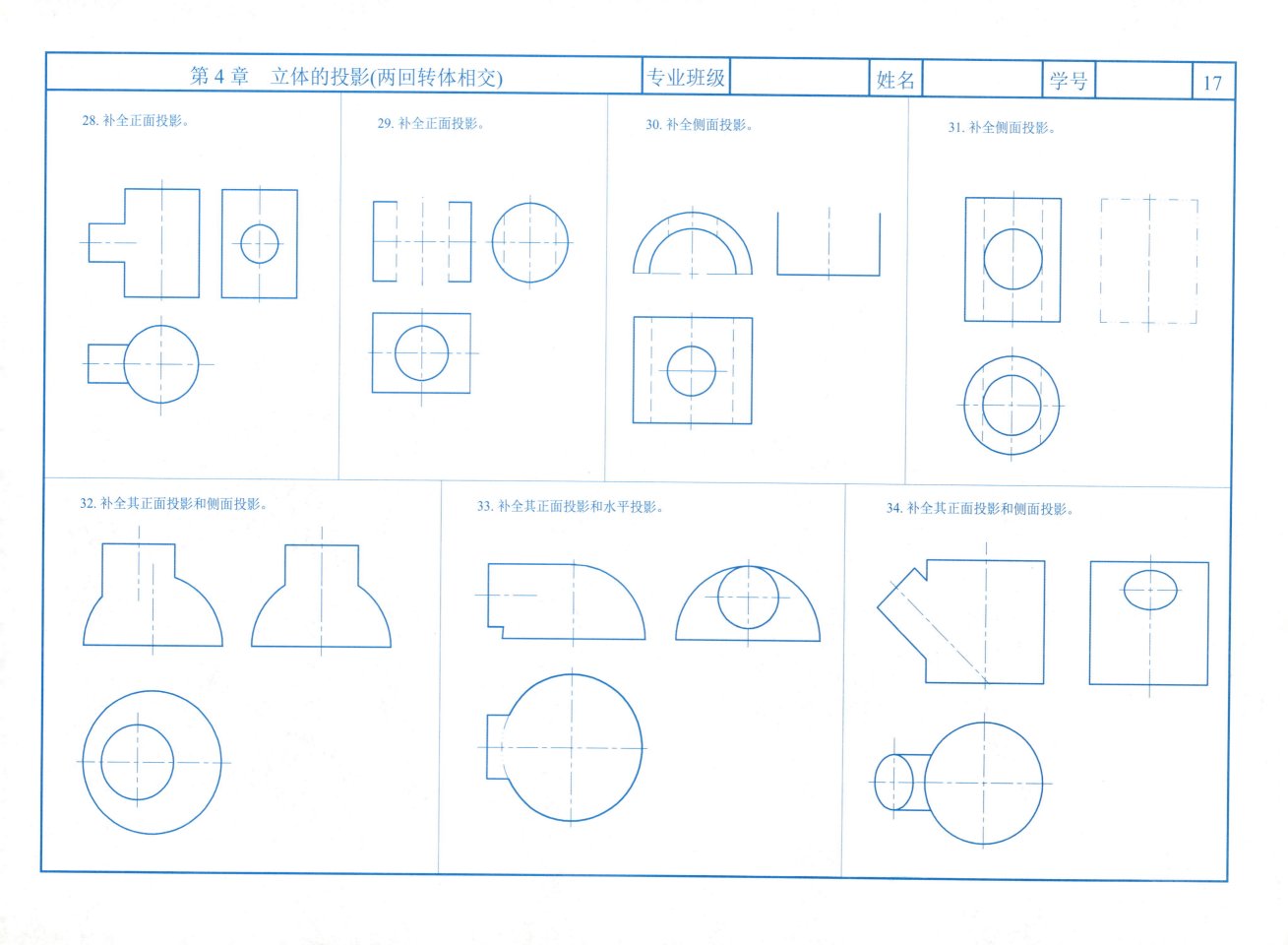

| 第 5 章  轴 测 投 影 | 专业班级 | 姓名 | 学号 | 18 |

1. 用简化伸缩系数画出下列各物体的正等测。

(1)
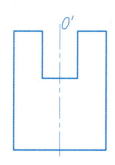

(2)
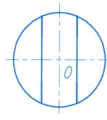
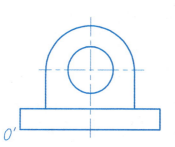
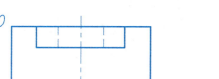

(3)
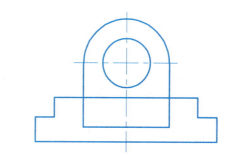
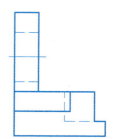
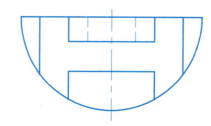

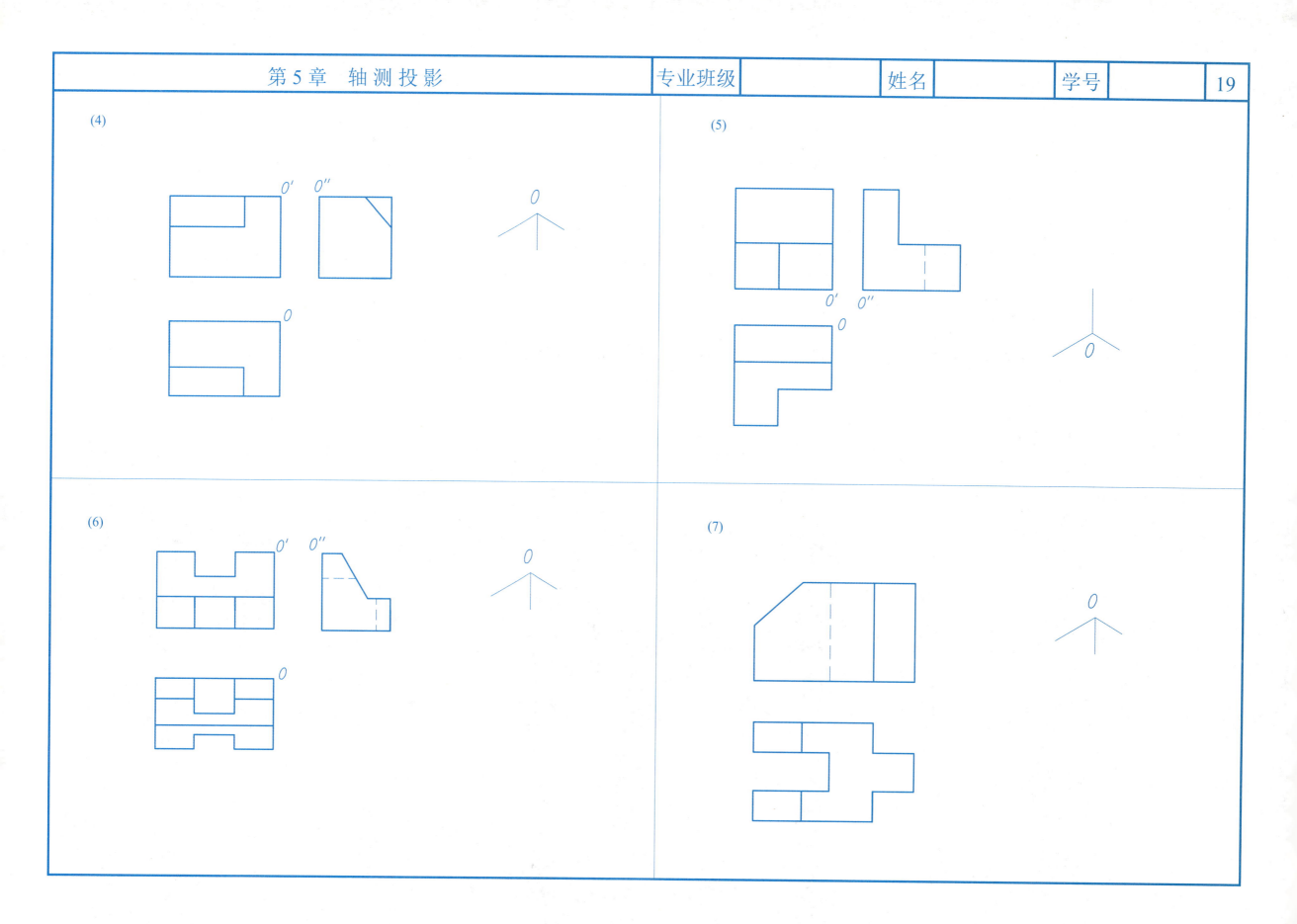

| 第 5 章 轴测投影 | 专业班级 | 姓名 | 学号 | 20 |

2. 画出下列各物体的斜二测。

(1)
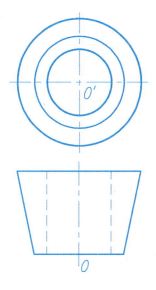

(2)
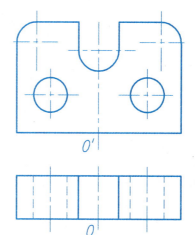

(3)
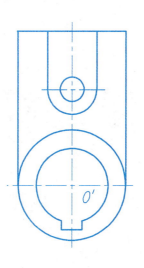
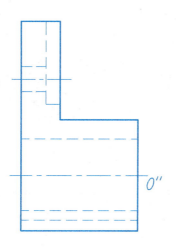

# 第6章 组合体

1. 补画视图中所缺的图线。

   (1)

   (2)

   (3)

   (4)

2. 看懂物体的形状，画出第三个视图，并比较各图所表示的物体有什么异同。

   (1)　(2)　(3)　(4)

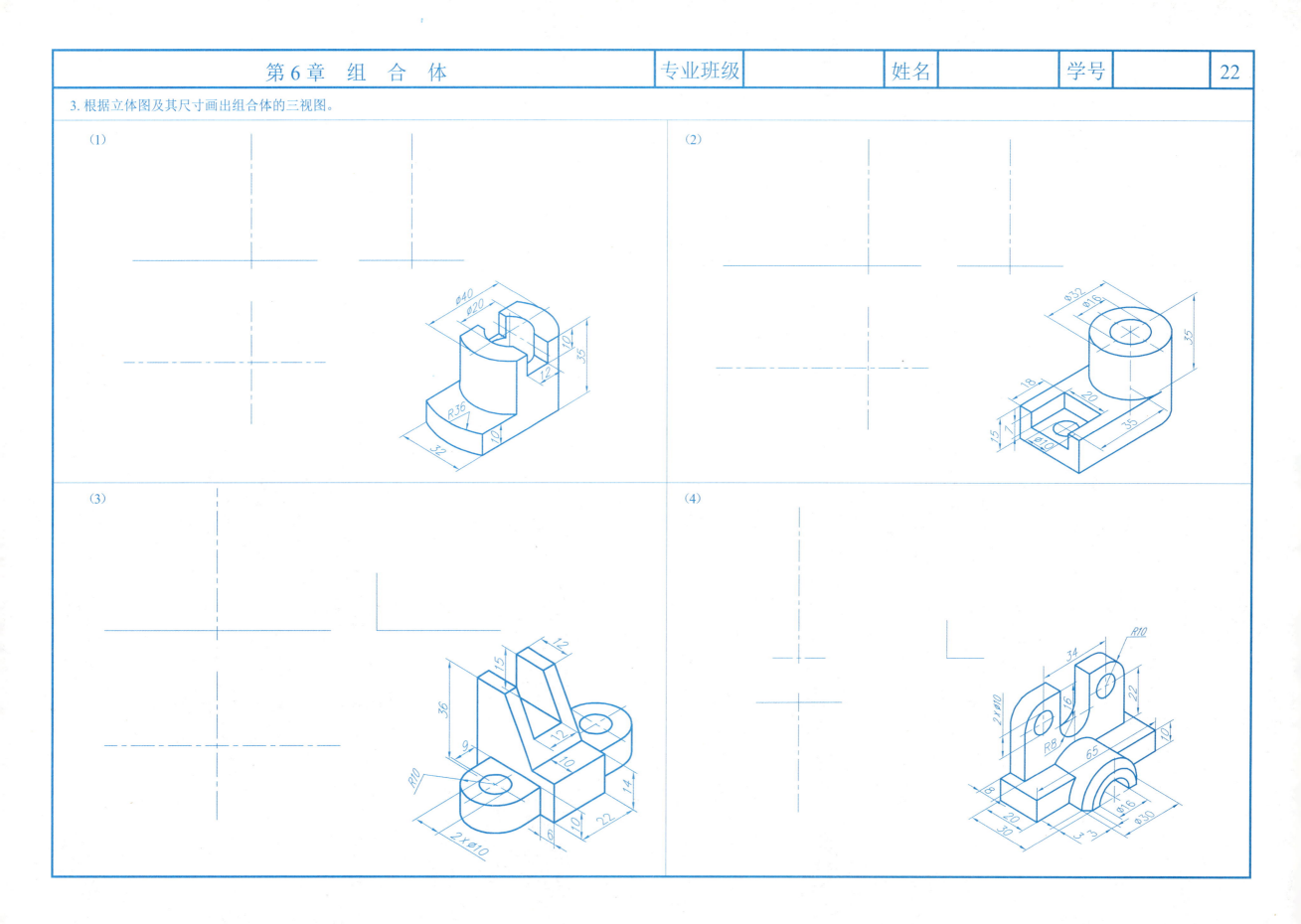

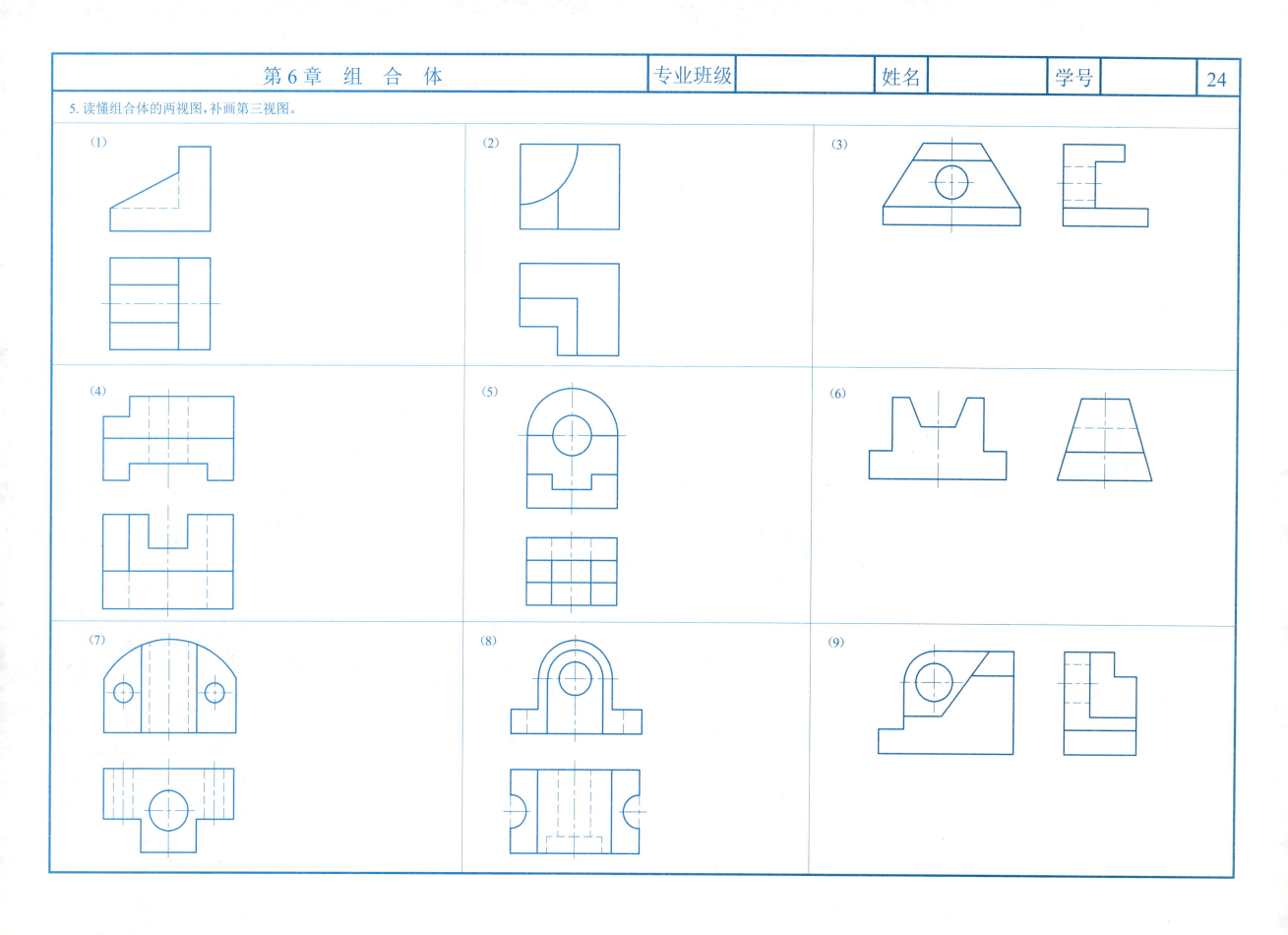

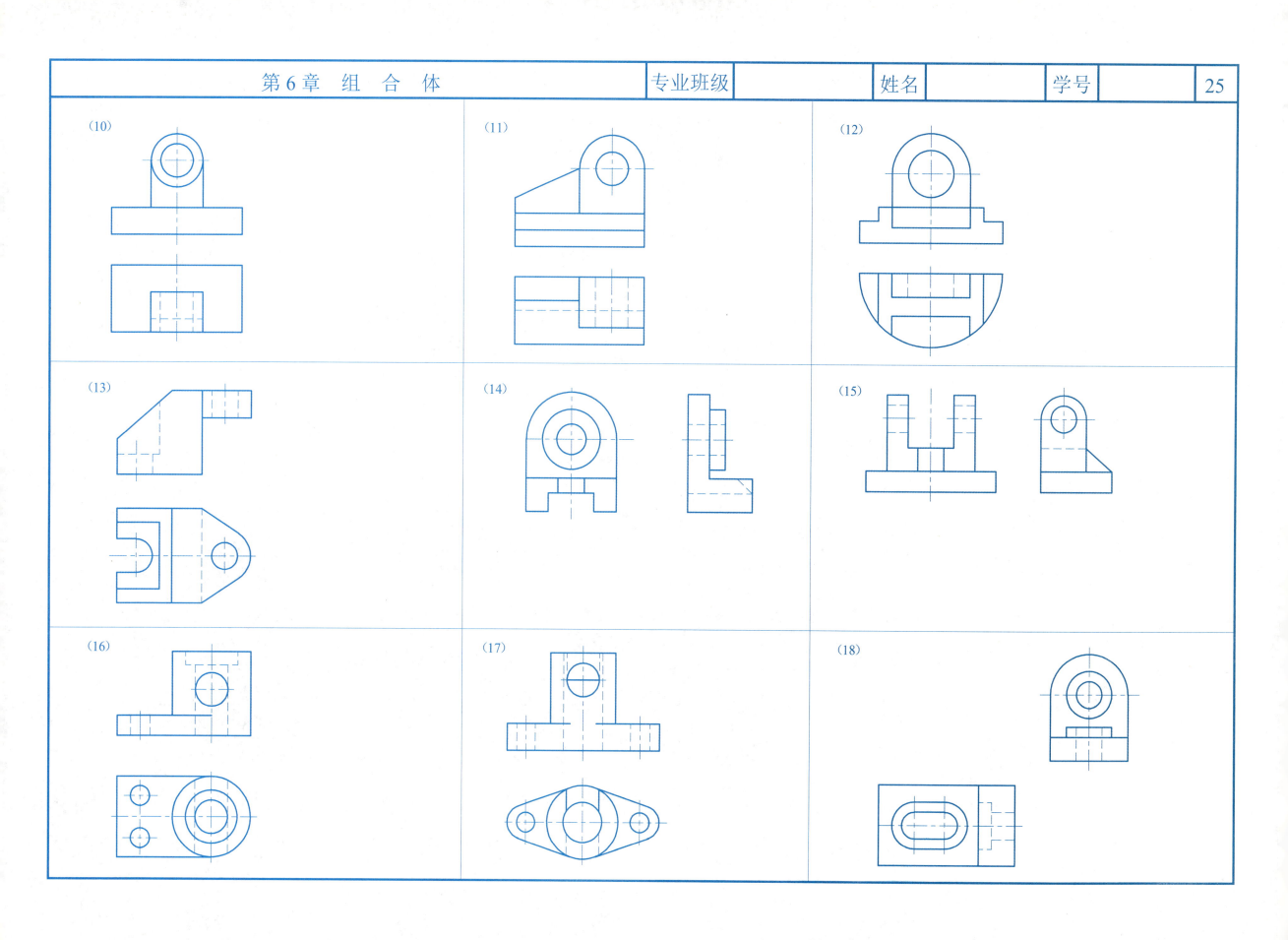

# 第6章 组合体

6. 标注组合体的尺寸，尺寸从图中按 1:1 量取整数。

(1)

(2)

(3)

(4)

(5)

(6)

# 第 6 章 组 合 体

**7.** 根据立体图在 A3 图纸上按适当比例画组合体的三视图,并标注尺寸。

### 题目说明及作题要求

(1) 图中所有孔槽都是通孔、通槽;

(2) 图名:投影制图练习;图幅:A3;比例:1:2;

(3) 运用形体分析法,绘制组合体的三视图,完整地表达组合体的内外形状,并标注尺寸;

(4) 标注尺寸要注意:不要照搬立体图上的尺寸,应重新考虑视图上尺寸的配置,以尺寸完整、注法符合国家标准、配置适当为原则。

(1)
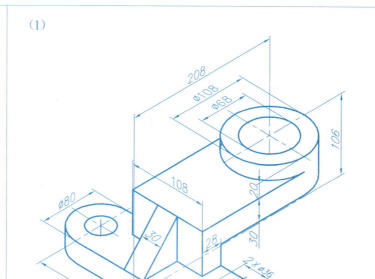

(2)
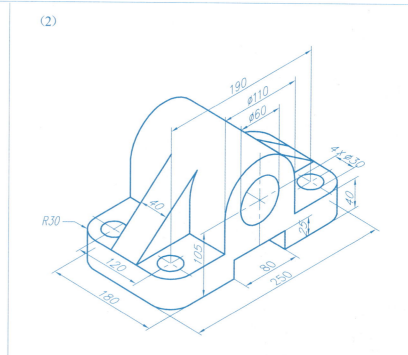

(3)
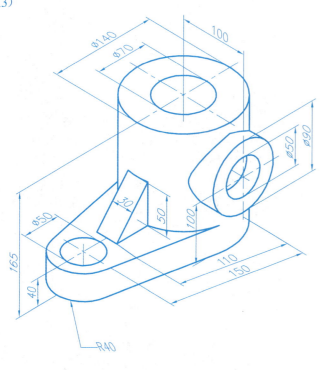

(4)
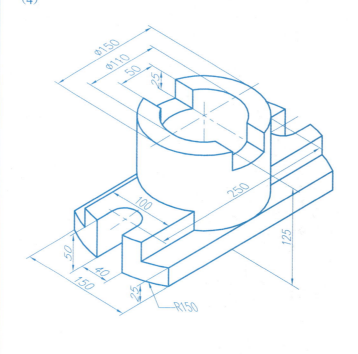

(5)
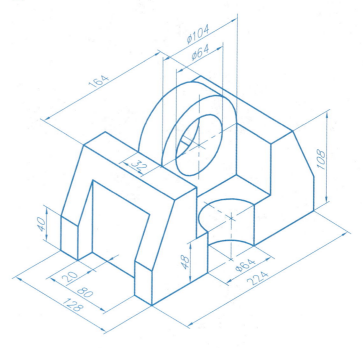

# 第 7 章　机件常用的表达方法

1. 已知主视图、俯视图、左视图，补画右视图、仰视图、后视图。

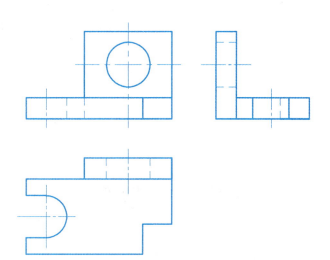

2. 已知主视图、俯视图，画出机件的 A 向局部视图和 B 向斜视图。

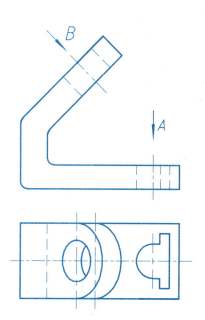

3. 补画下列剖视图中所缺的图线。

(1)　　　　　　　　　(2)　　　　　　　　　(3)　　　　　　　　　(4)

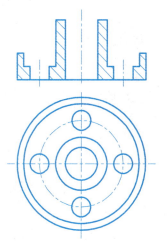 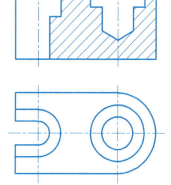 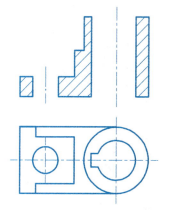 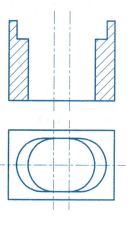

第 7 章 机件常用的表达方法

4. 在指定位置将机件改画成全剖视图。

(1)　　　　　(2)　　　　　(3)

## 第 7 章 机件常用的表达方法

5. 在指定位置将机件改画成半剖视图。

(1)

(2)

(3)

第 7 章　机件常用的表达方法　　　31

6. 在指定的位置作半剖的主视图和全剖的左视图。

(1)

(2)

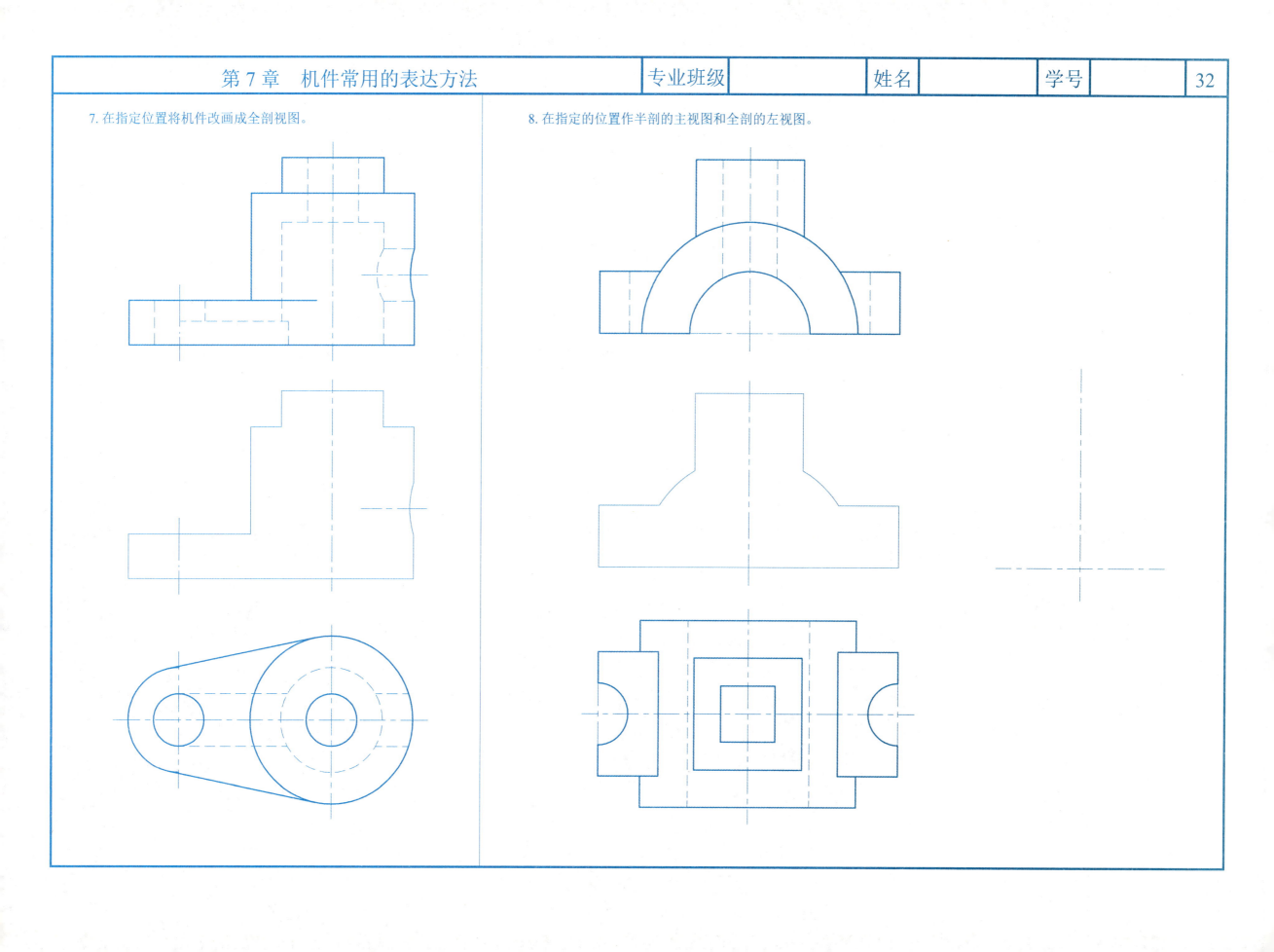

# 第 7 章 机件常用的表达方法

9. 分析视图中的错误,在右边画出正确的局部剖视图(虚线不画)。

(1)

(2)

10. 将视图改画成局部剖视图(虚线不画)。

(1)

(2)

第 7 章　机件常用的表达方法

11. 根据已知视图，画 A-A 斜剖视图。

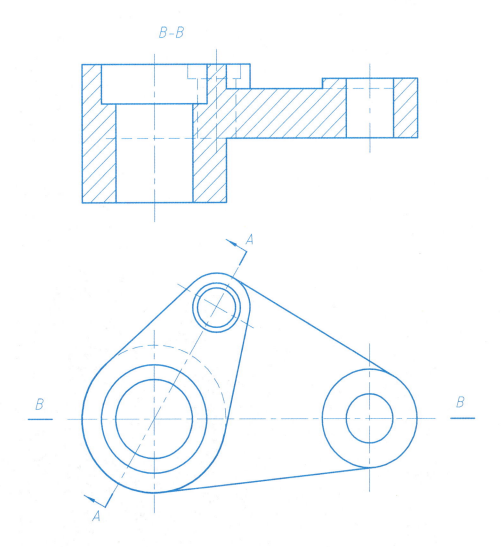

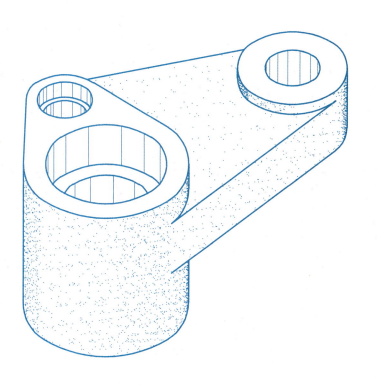

第7章 机件常用的表达方法

35

12. 根据已知视图,在指定位置画出阶梯剖视图。

(1)

(2)

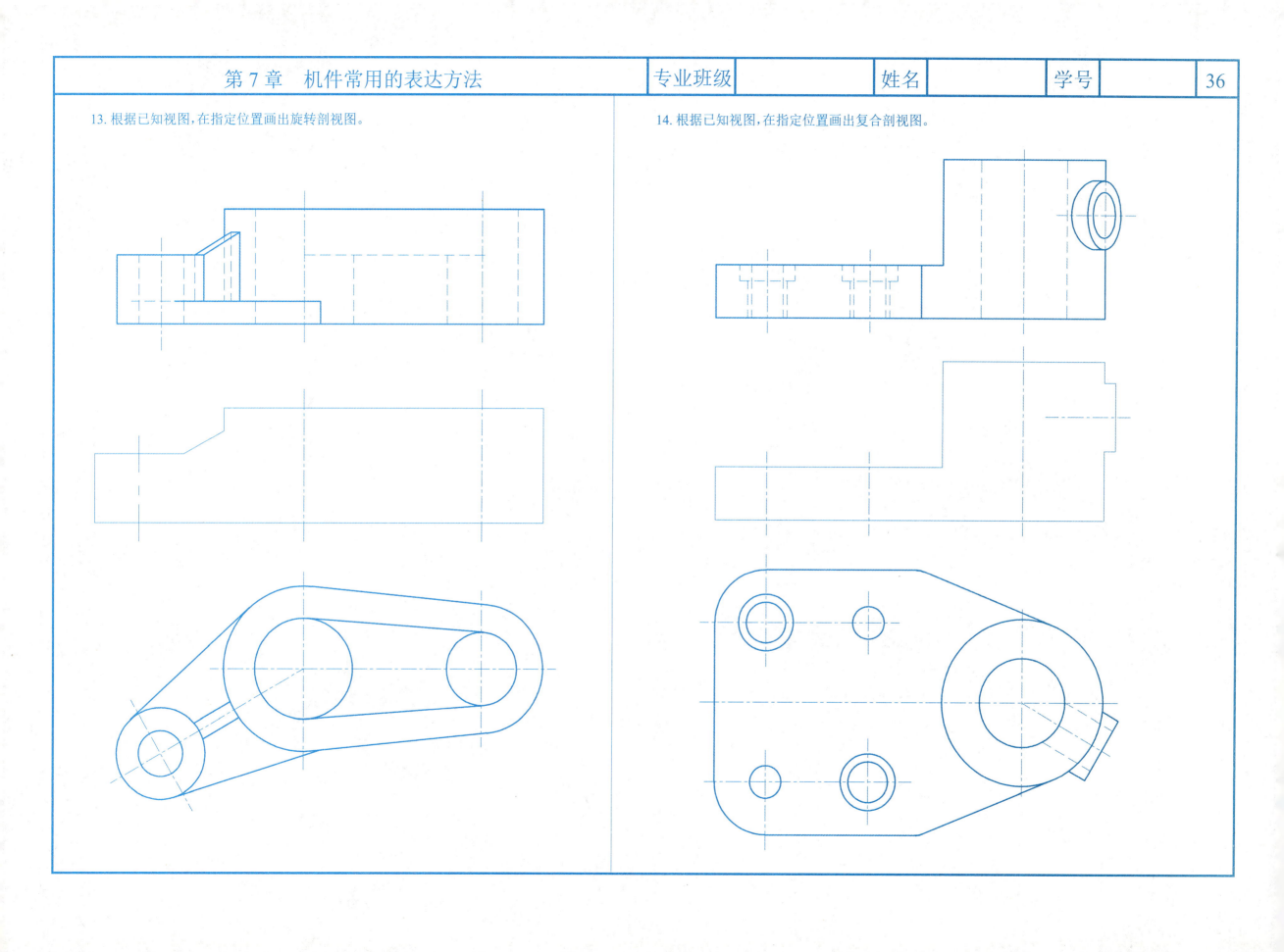

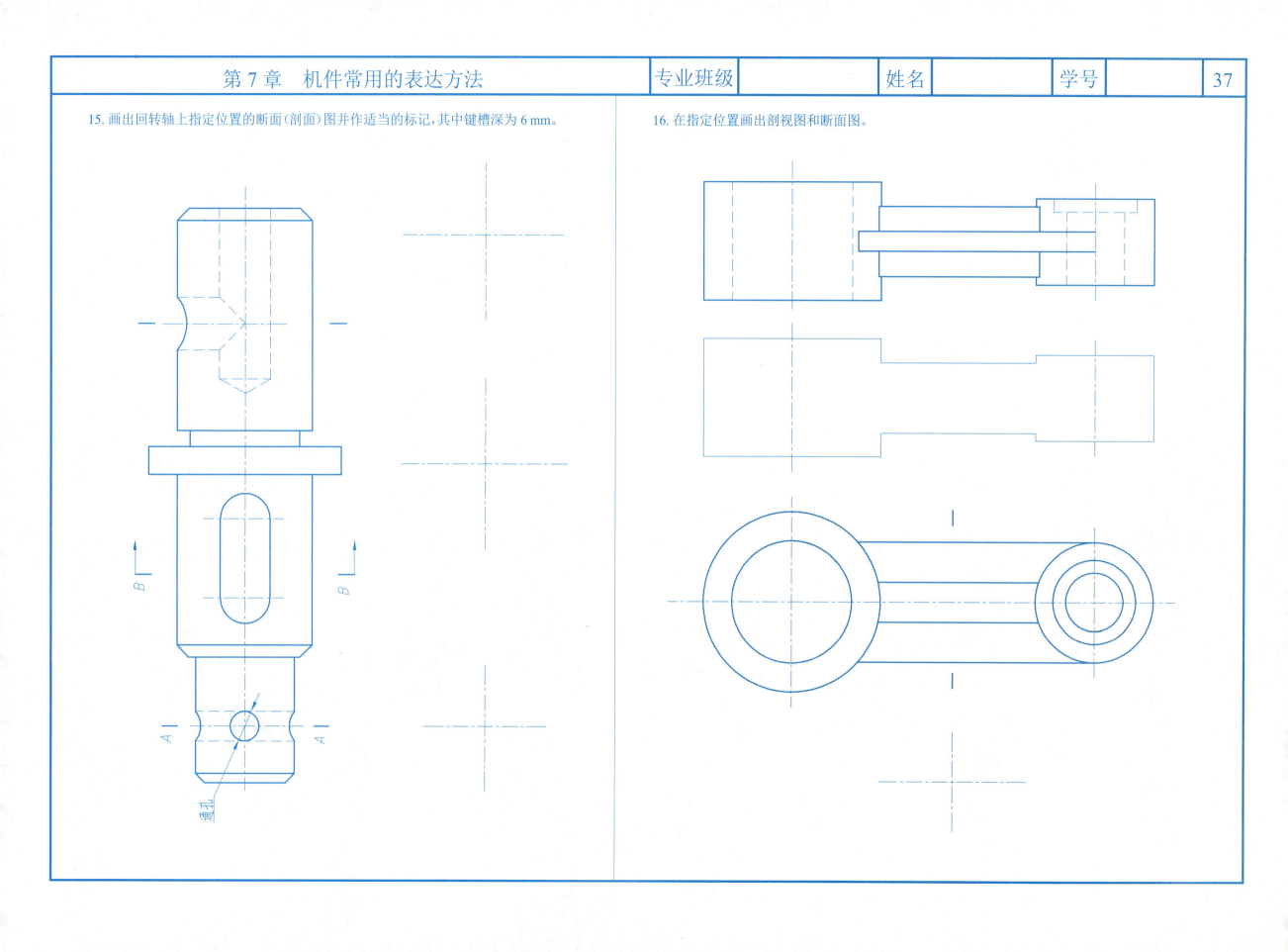

17. 根据所给机件的视图，选择适当的表达方法在 A3 图纸画图，并标注尺寸(比例自定)。

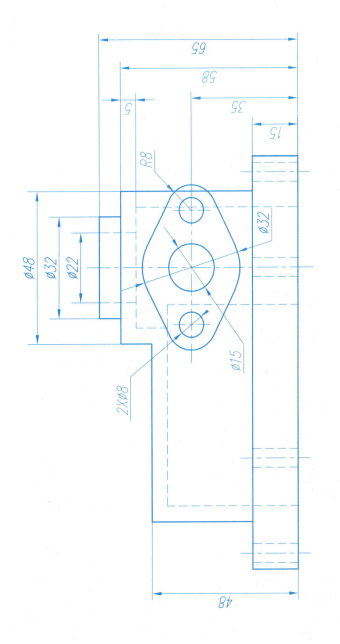
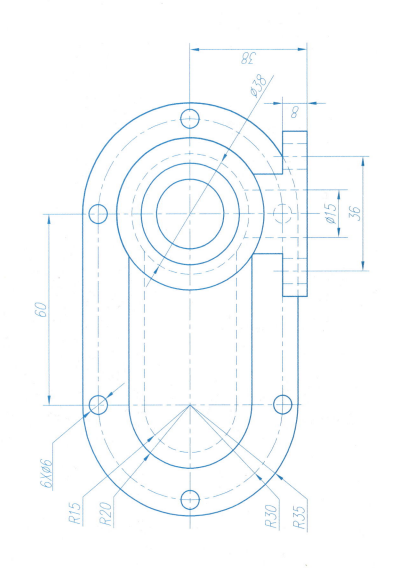

# 第7章 机件常用的表达方法

18. 根据所给机件的视图，选择适当的表达方法在A3图纸画图，并标注尺寸（比例自定）。

# 第 8 章 标准件和常用件

1. 按规定画法,绘制螺纹的主、左两视图。
   (1) 外螺纹:粗牙普通螺纹 M20,螺纹长为 30 mm,螺杆长画 40 mm 后断开,螺纹倒角 C2。
   (2) 内螺纹:粗牙普通螺纹 M20,螺纹长为 30 mm,孔深为 40 mm,螺纹倒角 C2。

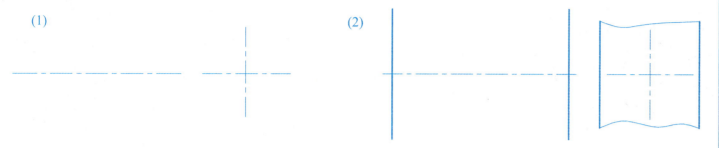

2. 将 1 题(1)的外螺纹调头,旋入 1 题(2)的螺孔,旋合长度为 20 mm,作旋合后的主视图。

3. 分析图中的错误,并将正确的图形画在图形下方指定的位置。

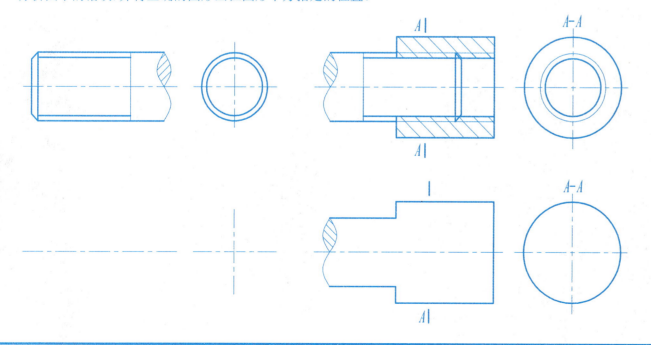

4. 根据给出的螺纹要素,进行螺纹标记。
   (1) 粗牙普通螺纹,公称直径为 20 mm,螺距为 2.5 mm,单线右旋,中径公差带代号 5g,顶径公差带代号 6g,短旋合长度。
   (2) 55°非密封管螺纹,尺寸代号 1,公差等级 A 级,右旋。

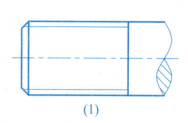 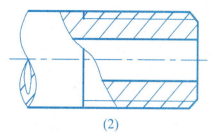

(1) (2)

(3) 细牙普通螺纹,公称直径为 20 mm,螺距为 1 mm,单线右旋,中径与顶径公差带代号均为 6H。

(4) 梯形螺纹,公称直径为 20 mm,导程为 12 mm,线数为 2,左旋,公差带代号为 7H,长旋合长度。

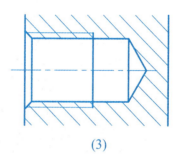 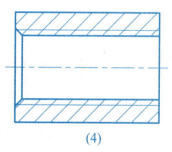

(3) (4)

5. 根据螺纹标记查出表内所要求的内容,并填入表中。

| 螺纹标记 | 螺纹种类 | 螺纹大径 (mm) | 螺距 (mm) | 导程 (mm) | 线数 | 旋向 | 旋合长度 | 公差带代号 |
|---|---|---|---|---|---|---|---|---|
| M10-6H | | | | | | | | |
| M10×1LH-6H-S | | | | | | | | |
| M20-5g6g | | | | | | | | |
| Tr48×16(P8)-8H | | | | | | | | |
| B32×6LH-7e-L | | | | | | | | |
| G1/2 | | | | | | | | |

# 第 8 章 标准件和常用件

**6. 根据已知条件,查表填写下列螺纹紧固件的尺寸数值,并写出规定标记。**

(1) 六角头螺栓,C 级,GB/T 5780—2000,螺纹规格 *d* =M12,公称长度 *L*=50 mm。

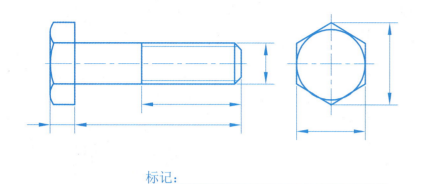

标记:＿＿＿＿＿＿＿＿＿＿＿＿＿＿＿＿＿

(2) Ⅰ型六角螺母,A 型,GB/T 6170—2000,螺纹规格 *d* =M12。

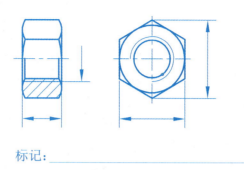

标记:＿＿＿＿＿＿＿＿＿＿＿

(3) 双头螺柱,C 级,GB/T 898—1988,螺纹规格 *d* =M12,公称长度 *L*=50 mm。

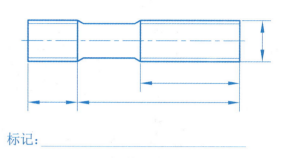

标记:＿＿＿＿＿＿＿＿＿＿＿

**7. 螺纹紧固件的连接画法。**

(1) 已知螺栓 GB/T 5780 M12×45,垫圈 GB/T 97.116,用比例画法作出连接后的三视图(1∶1)。

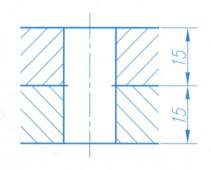
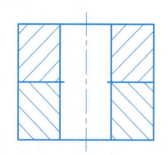
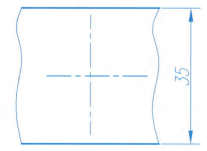

(2) 已知螺柱 GB/T898 M12×30,垫圈 GB/T 97.112,用比例画法作出连接后的主、俯视图(1∶1)。

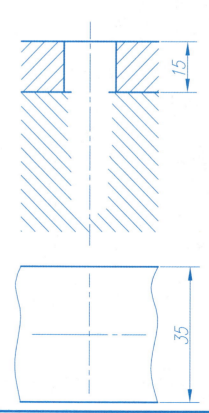

8. 已知一直齿圆柱齿轮，$m=3$，$z=23$，试计算齿轮的分度圆、齿顶圆、齿根圆的直径，用 1:1 比例按规定画法画出齿轮的两个视图，并注全尺寸，其中倒角为 C1。

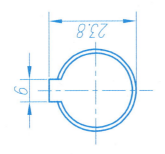

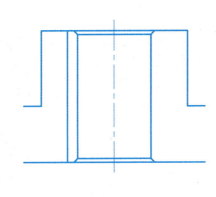

9. 已知大齿轮模数 $m=4$，齿数 $z=18$，两齿轮的中心距为 $a=64$ mm，试计算两齿轮的分度圆、齿顶圆、齿根圆的直径及传动比。用 1:1 的比例按规定画法完成下列直齿圆柱齿轮的啮合图。将计算公式写在图的左侧空白处。

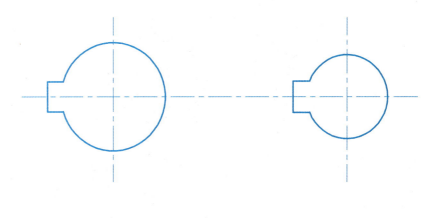

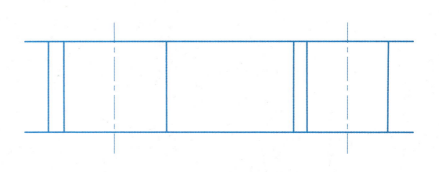

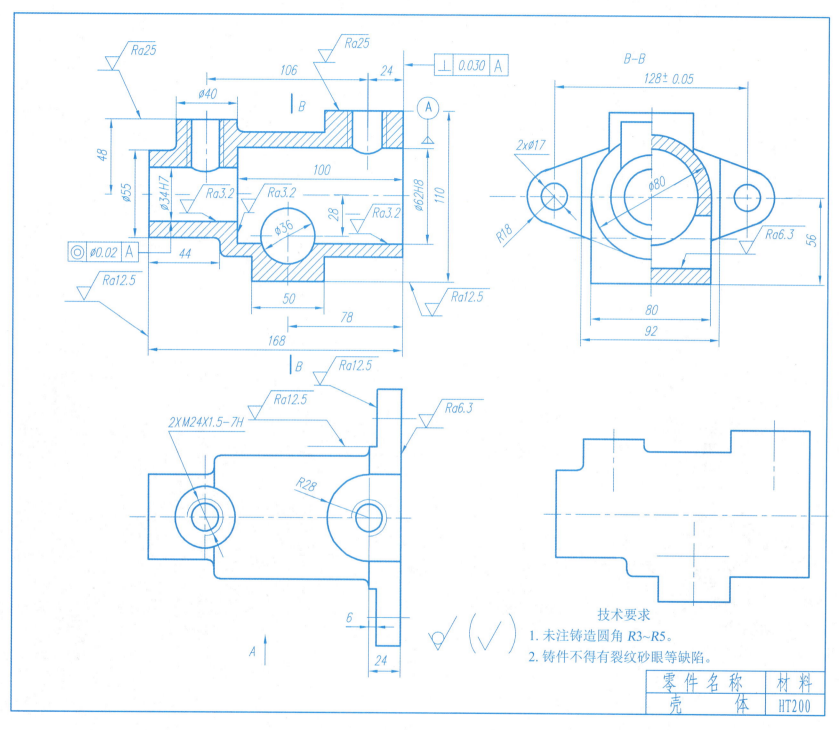

1. 看"壳体"零件图,要求:

(1) 在图中指定位置作出 A 向视图 (即主视图的外形图)。

(2) 在图中注出各个方向的主要尺寸基准。

(3) φ62H8 表示基本尺寸是____,公差带代号是____,基本偏差代号为____,公差等级____,是否是基准孔?

答:____。

(4) 零件右端面和 φ80 外圆柱面的表面粗糙度代号分别为____和____。

(5) 在俯视图上用虚线画出 φ36 和 φ62H8 两圆柱孔相贯线的投影。

(6) φ36 圆柱孔的定位尺寸是____和____。

(7) M24×1.5-7H 中,M 表示____螺纹,24 表示____,螺距为____,旋向为____,中径和顶径的公差带代号为____。

(8) ◎ ⌀0.02 A 表示被测要素是____,基准要素是____,检验项目是____,公差值是____。

# 第 9 章 零 件 图

2. 由教师指定徒手绘制下列立体图所示的一件或两件零件的零件草图,选用恰当的表达方案,完整、清晰地表达该零件的结构形状,标注全部尺寸及技术要求;并用尺规绘制正式图。

零件名称:支座(前后、左右对称)
材料:HT150

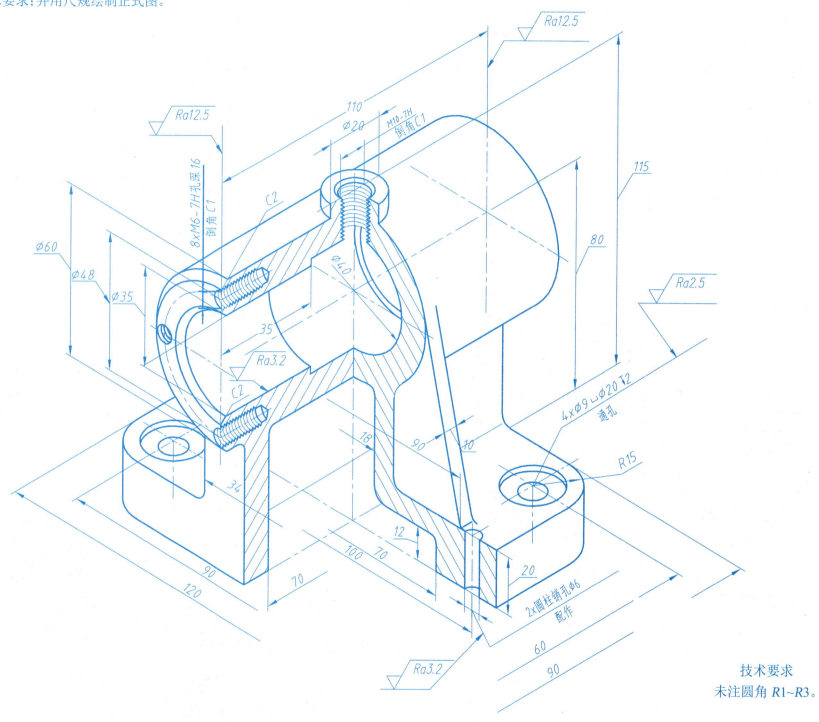

技术要求
未注圆角 R1~R3。

### 第 9 章 零件图

3. 读轴承盖零件图,在指定位置画出 B-B 剖视图(采用对称画法,画出前方一半)。 回答下列问题:

(1) φ70d11 写成有上、下偏差的注法为____。

(2) 表面粗糙度 $\sqrt{Ra12.5}$ 的表面形状是____,它可由____方法达到。

(3) 主视图的右端面有 φ54 深 3 的凹槽,这样的结构是考虑____零件的重量和____加工面而设计的。

(4) 说明 $\frac{4×φ9}{⊔φ20}$ 的含义:4 个 φ9 的孔是由与螺栓直径____相配的____的通孔直径而定的。锪平 φ20 的深度只要以____为止。

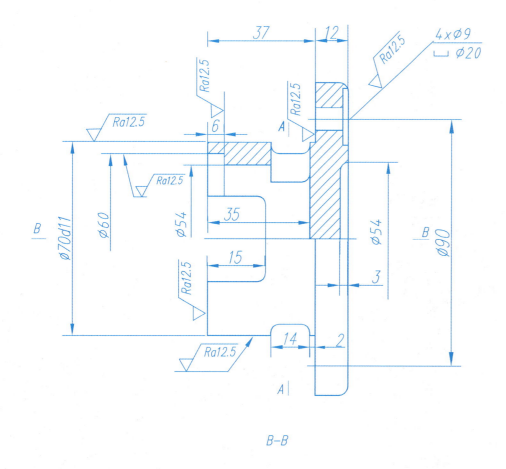

B-B

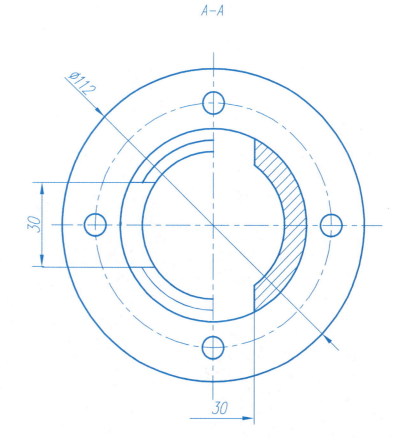

A-A

技术要求
1. 未注圆角为 R3。
2. 铸件不得有气孔,裂纹等缺陷。

轴承盖 14-03 HT200

# 第 9 章 零件图

**4. 标注轴和孔的基本尺寸及上下偏差值,并填空。**

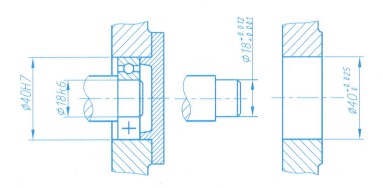

(1) 滚动轴承与座孔的配合为＿＿＿制,座孔的基本偏差代号是＿＿＿,公差等级为＿＿＿级;
(2) 滚动轴承与轴的配合为＿＿＿制,轴的基本偏差代号是＿＿＿,公差等级为＿＿＿级。

**\*6. 用文字解释图中的形状和位置公差(按编号①、②、③填写)。**

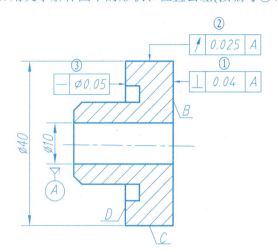

① ＿＿＿＿＿＿＿＿＿
② ＿＿＿＿＿＿＿＿＿
③ ＿＿＿＿＿＿＿＿＿

**5. 解释配合代号的含义,查表得上下偏差值后标注在零件图上,然后填空。**

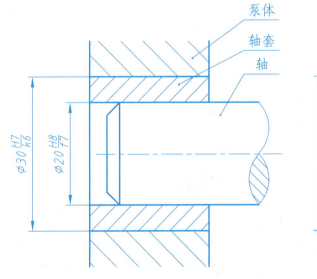 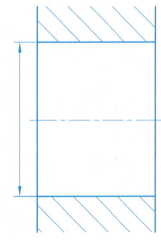 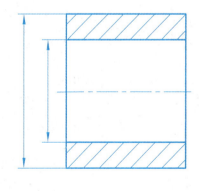 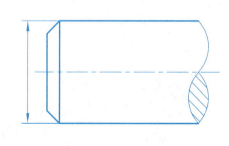

(1) 轴套与泵体孔配合:

基本尺寸＿＿＿＿＿,基＿＿＿＿制。
公差等级:轴 IT＿＿＿级,孔 IT＿＿＿级,＿＿＿＿配合。
轴套:上偏差＿＿＿,下偏差＿＿＿。
泵体孔:上偏差＿＿＿,下偏差＿＿＿。

(2) 轴套与轴配合:

基本尺寸＿＿＿＿＿,基＿＿＿＿制。
公差等级:轴 IT＿＿＿级,孔 IT＿＿＿级,＿＿＿＿配合。
轴套:上偏差＿＿＿,下偏差＿＿＿。
轴:上偏差＿＿＿,下偏差＿＿＿。

| 第 9 章 零 件 图 | 专业班级 | 姓名 | 学号 | 47 |

7. 读底座零件图,在本图右侧画出左视图外形图,并标注尺寸和表面粗糙度符号(只标注 √ 和 ∽/ ,不注写数值)。

8. 用"△"符号标出该底座图中长、宽、高三个方向的主要尺寸基准。

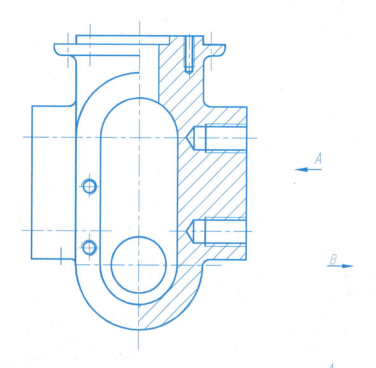

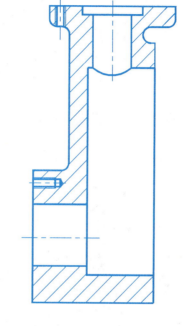

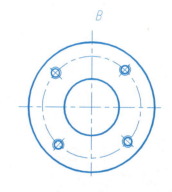

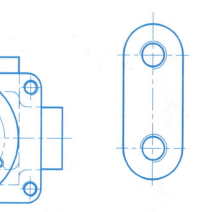

技术要求
1. 未注铸造圆角 R2~R4。
2. 铸件不得有砂眼、气孔、裂纹等缺陷。
3. 拔模斜度 1:50。

| 底 座 | 比例 | 1:1.5 | 21-10 |
| | 件数 | 1 | |
| 制图 | | 重量 | HT150 |
| 校对 | | | |
| 审核 | | (厂 名) | |

9.读支架零件图,在指定位置画 A-A 剖视图。在这张图中用符号"△"标出长、宽、高方向上的主要尺寸基准。回答下列问题:

(1) Ⅰ面的表面粗糙度为_____,Ⅱ面的表面粗糙度为_____。

(2) $\phi 27^{+0.021}_{0}$ 是_____孔的尺寸,它的标准公差是_____级。

(3) 在主视图上可以看到 $\phi 28$ 圆柱的左端面超出连接板,这是为了增加轴孔 $\phi 15H7$ 的_____面,而连接板的 $70 \times 80$ 左端面做成凹槽是为了减少_____面。

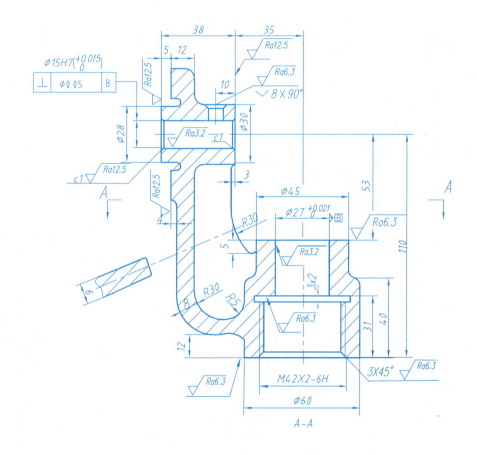

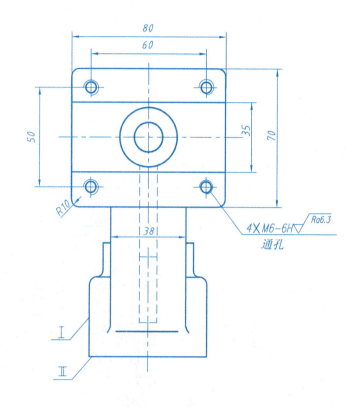

技术要求

1. 未注圆角 R3~R5。
2. 铸件不允许有砂眼、缩孔、裂纹等缺陷。

| 支 架 | | 比例 | 1:2 | 15-02 |
| --- | --- | --- | --- | --- |
| | | 件数 | 1 | |
| 制图 | | 重量 | | HT200 |
| 校对 | | | (厂 名) | |
| 审核 | | | | |

## 第 9 章 零件图

10. 看主动齿轮轴零件图,要求:

(1) M12×1.5-6g 是____螺纹,公称直径是____,螺距为____,旋向是____,中径和顶径的公差代号是____。

(2) 齿轮的齿顶圆直径是____,分度圆直径是____,在 A 处补画轮齿并标注尺寸和表面粗糙度代号(齿廓和齿顶的 Ra 值各为 1.6 和 3.2)。

(3) $\phi$20f7 的公称尺寸是____,公差带代号是____,基本偏差代号是____,公差等级是____。

(4) B 处的图形叫____图,该图比实物放大____倍。

(5) 齿轮宽度 $28_{+0.033}^{0}$,最大和最小可以加工成____和____,其公差值是____。

(6) 在 C 处画出移出剖面,并标注键槽尺寸,键槽宽为 5,槽深为 3。

(7) 将主视图补画完整(比例为 4∶1)。

(8) 主视图横放是考虑到____位置。

| 模数 | m | 2 |
|---|---|---|
| 齿数 | z | 18 |

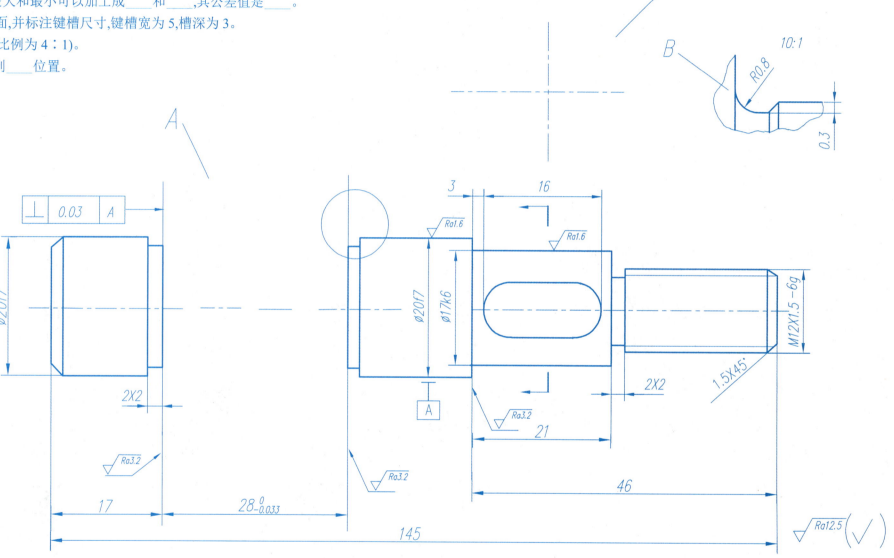

| 零件名称 | 材料 |
|---|---|
| 主动齿轮轴 | 45 |

# 第 9 章 零 件 图

11. 看泵体零件图,要求:

(1) 画出零件的俯视图,尺寸可由图上直接量取,只画外形。

(2) 在图中标出三个方向的主要尺寸基准。

(3) φ18H7,基本尺寸为____,公差带代号为____,公差等级为____,基本偏差代号为____。

(4) 在标记 6×M5-7 中,表示____螺纹孔,M 表示____螺纹,表示____直径,7H 表示螺纹____代号。

(5) 孔 φ18H7 的表面粗糙度代号为____。

(6) $\sqrt{Ra6.3}$ 是一个____代号,表示该表面是用____的方法获得,$Ra6.3$ 表示____的____值,其单位为____。

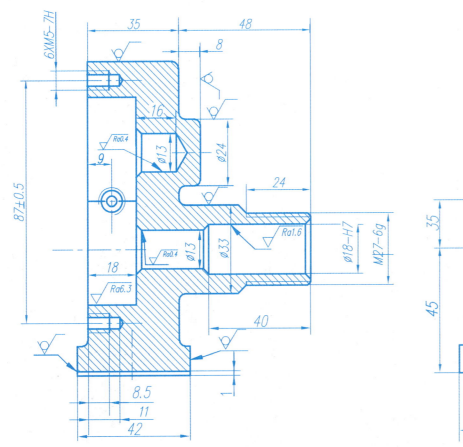
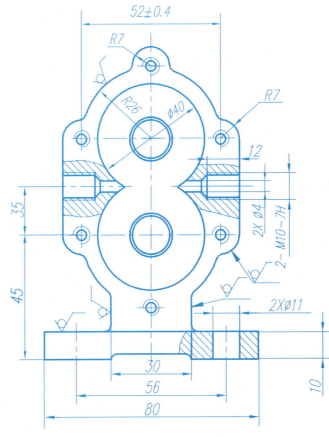

技术要求
1. 未注圆角 R2。
2. 倒角 1×45°。

零件名称: 泵体
材料: HT200

| 第10章 装配图 | 专业班级 | 姓名 | 学号 | 51 |

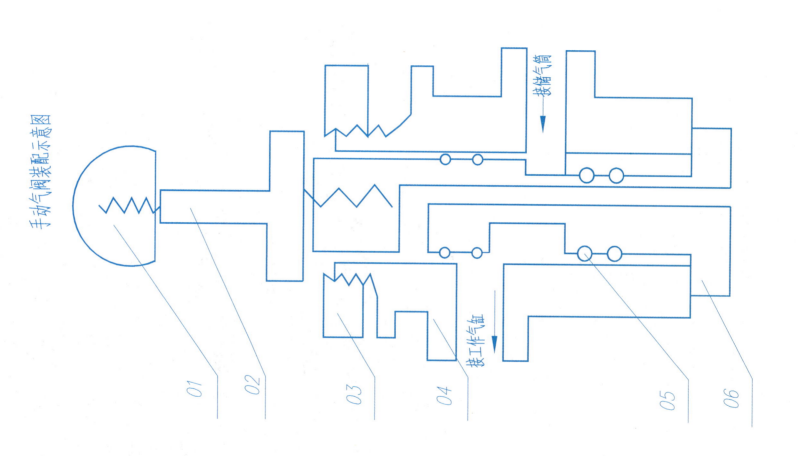

手动气阀装配示意图

1. 按照合适的比例画手动气阀的三视图。

手动气阀工作原理：

手动气阀是汽车上用的一种压缩空气开关机构。

当通过手柄气球(序号01)和芯杆(序号02)将气筒的通道被关闭,此时工作气缸通过气阀杆中心的孔道与大气接通。气阀杆与阀体(序号04)下位置时,工作气缸与储气筒的通道被关闭,此时工作气缸通过气阀杆中心的孔道与大气接通。气阀杆与阀体(序号04)孔是间隙配合,装有"O"型密封配圈(序号05)以防止压缩空气泄漏。螺母(序号03)是用来固定手动气阀位置的。

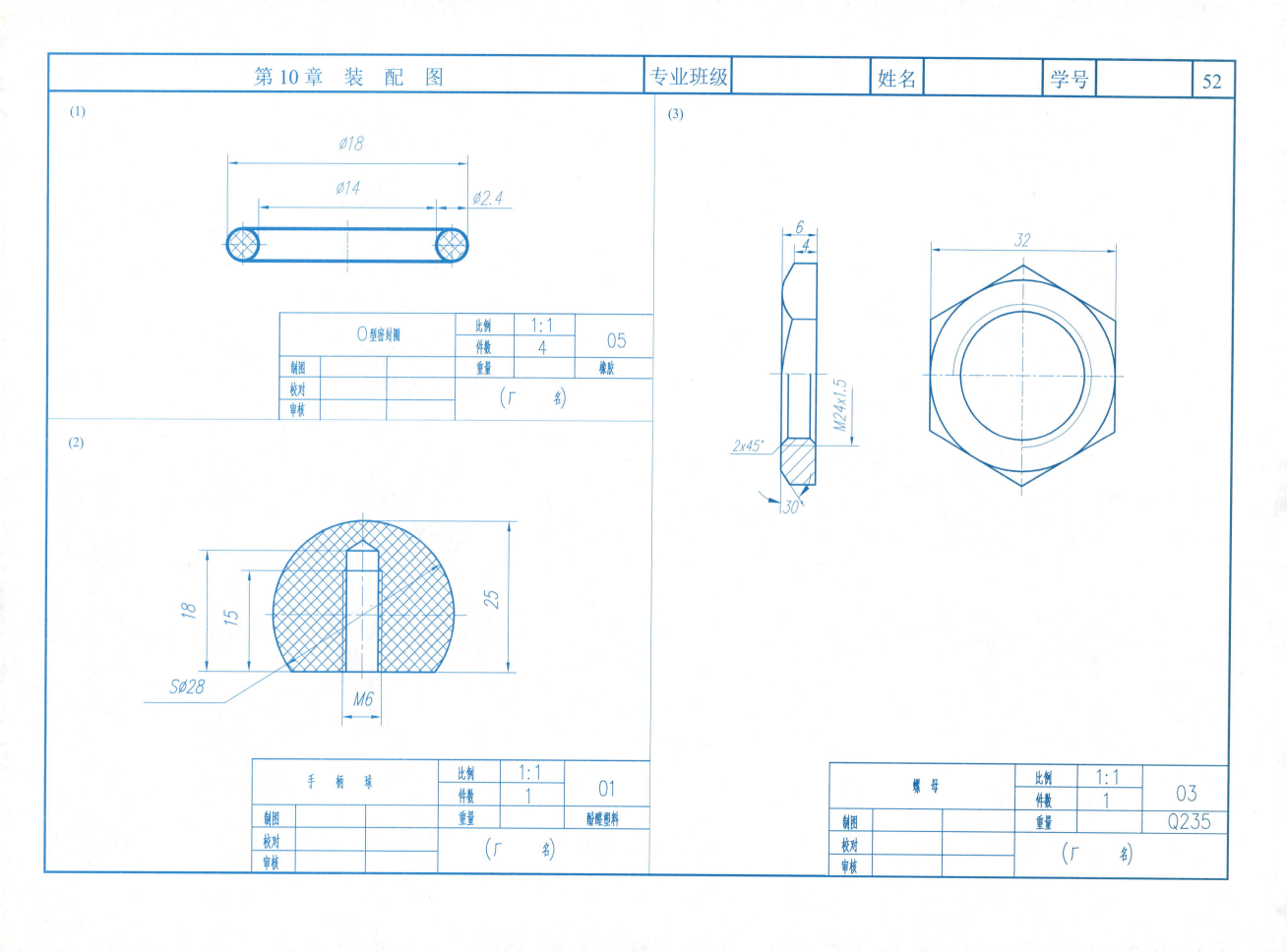

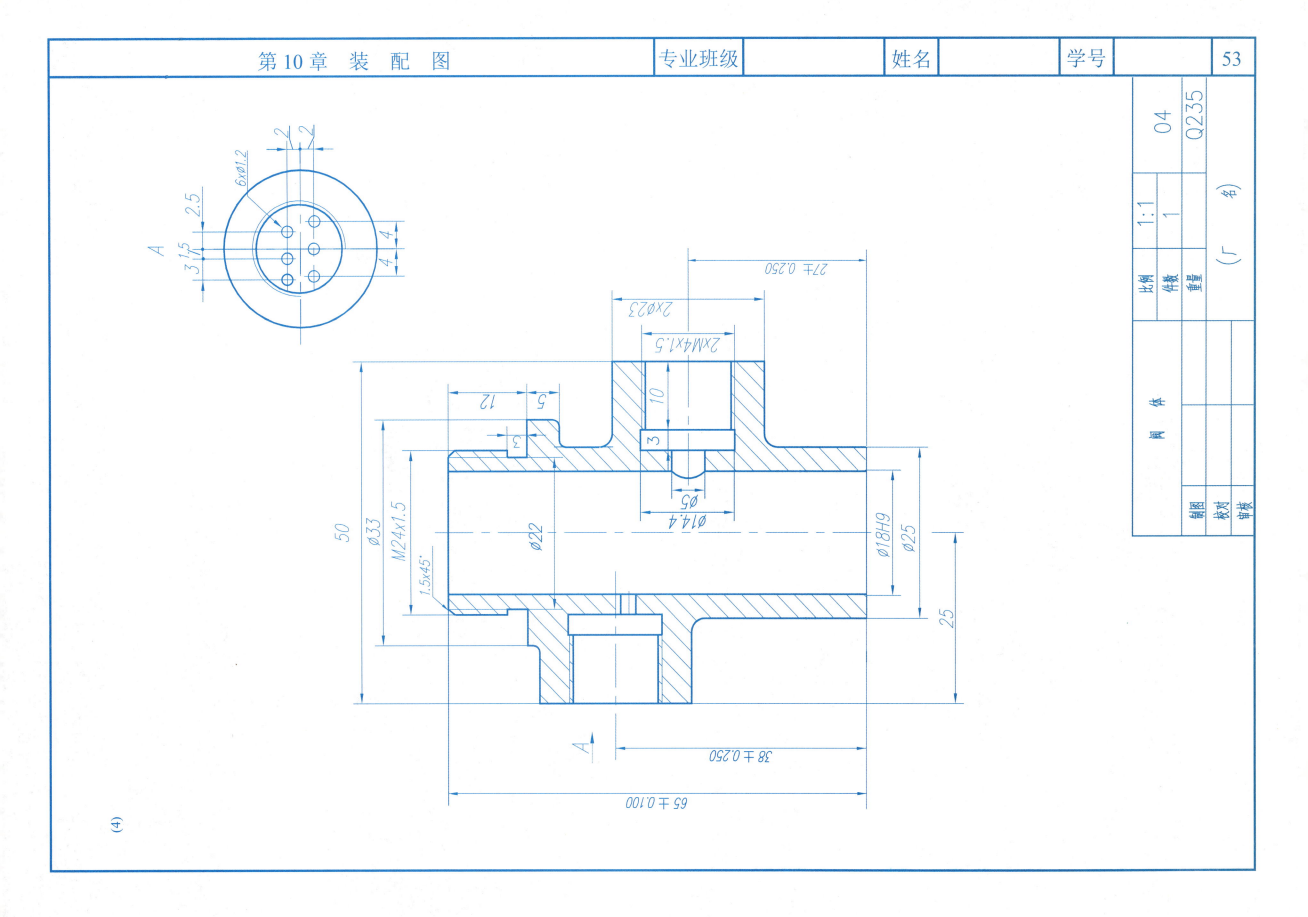

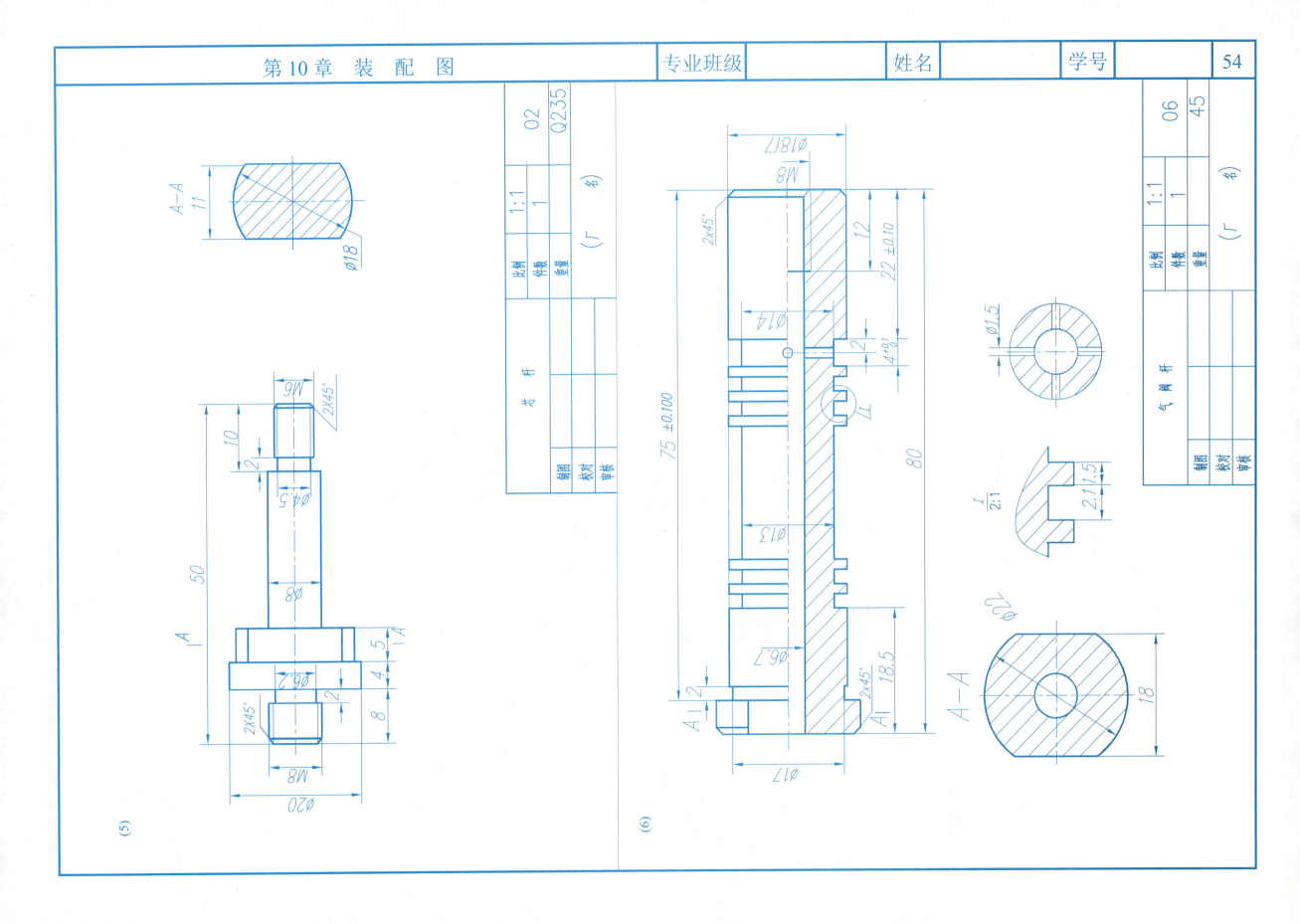

| 第 10 章 装 配 图 | 专业班级 | 姓名 | 学号 | 55 |

2. 按照合适的比例画手动气阀的三视图,并进行零件编号和填写标题栏。

| 序号 | 代号 | 名 称 | 数量 | 材料 | 备注 |

| 制图 | | | 比例 | |
| 描图 | | | 件数 | |
| 审核 | | | 重量 | 共1张 第1张 |

(厂　名)

3. 看懂管钳装配图,并回答问题。

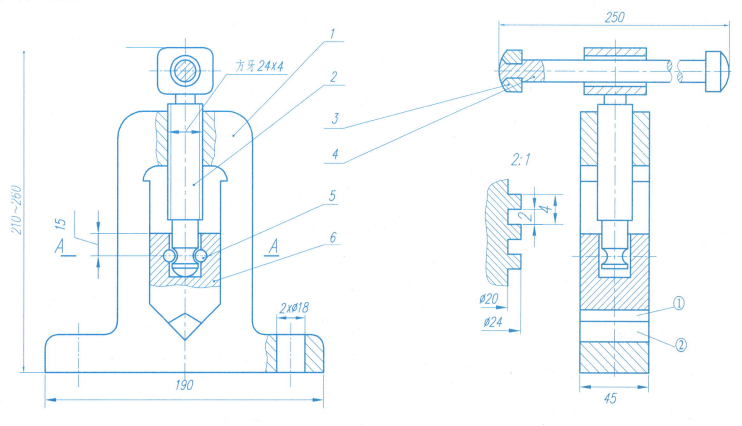

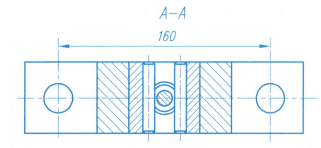

(1) 主视图采用了____剖视,用以表达____的连接关系,俯视图和左视图采用了____剖视。
(2) 件2和件6是用___个____进行连接的。
(3) 当螺杆2转动时,滑块6做____运动,滑块的工作行程(升降范围)是____mm。
(4) 管钳中件2和件____上有螺纹,是____螺纹,其公称直径为____,螺距为____。
(5) 管钳的总体尺寸是____,安装尺寸为____。
(6) ①、②分别是____号件的投影。

| 6 | | 滑块 | 1 | Q275 | |
|---|---|---|---|---|---|
| 5 | GB/T119.1 | 圆柱销 | 2 | 30 | 4×45 |
| 4 | | 手柄杆 | 4 | Q235 | |
| 3 | | 套圈 | 1 | Q235 | |
| 2 | | 螺杆 | 1 | HT200 | |
| 1 | | 钳座 | 1 | HT200 | |
| 序号 | 代号 | 名称 | 数量 | 材料 | 备注 |

管钳　比例 1:1　件数 1

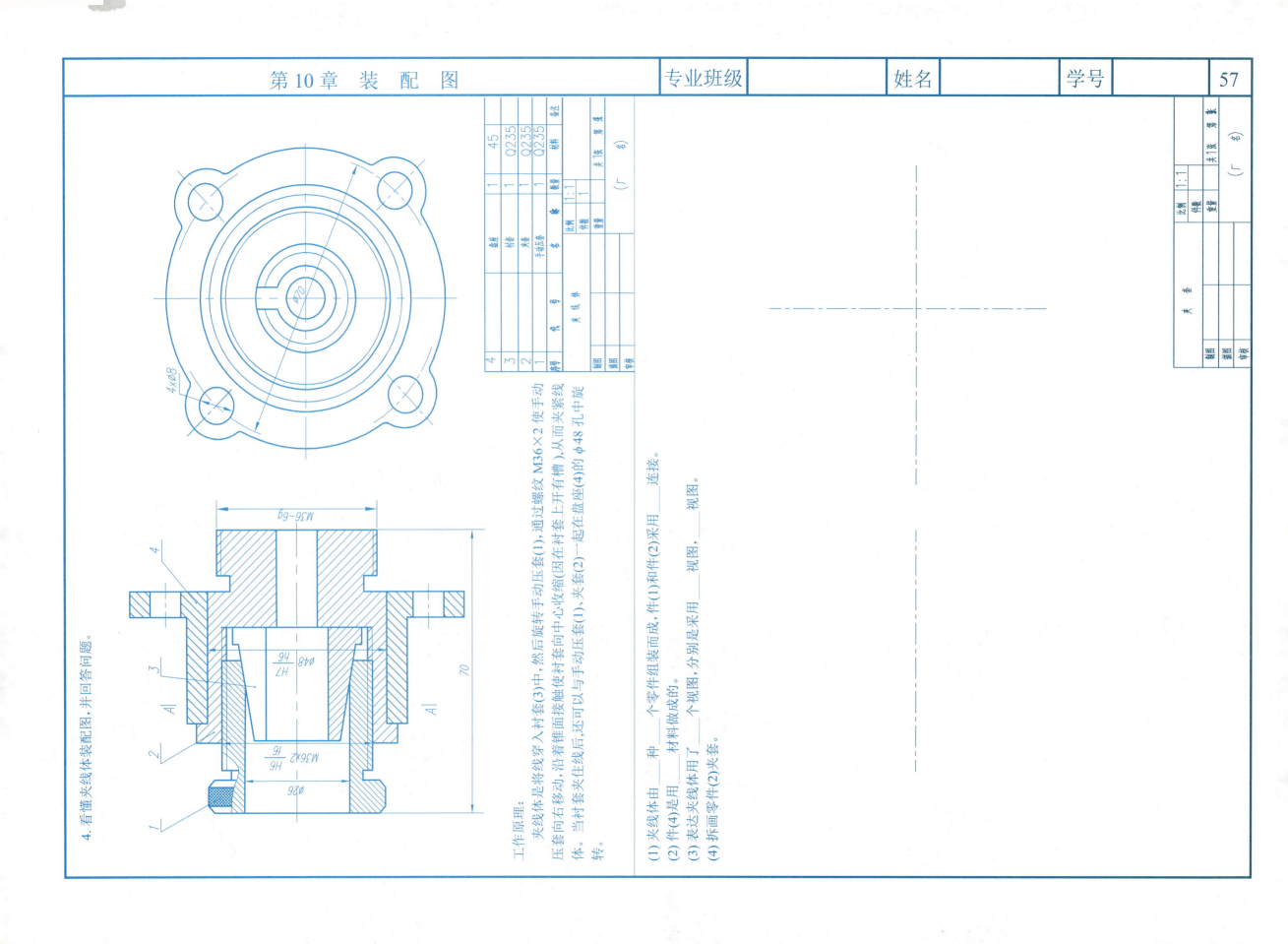

## 第 11 章　表面展开图

1. 绘制四棱台壳体表面的展开图。

2. 绘制下列圆柱面的展开图。

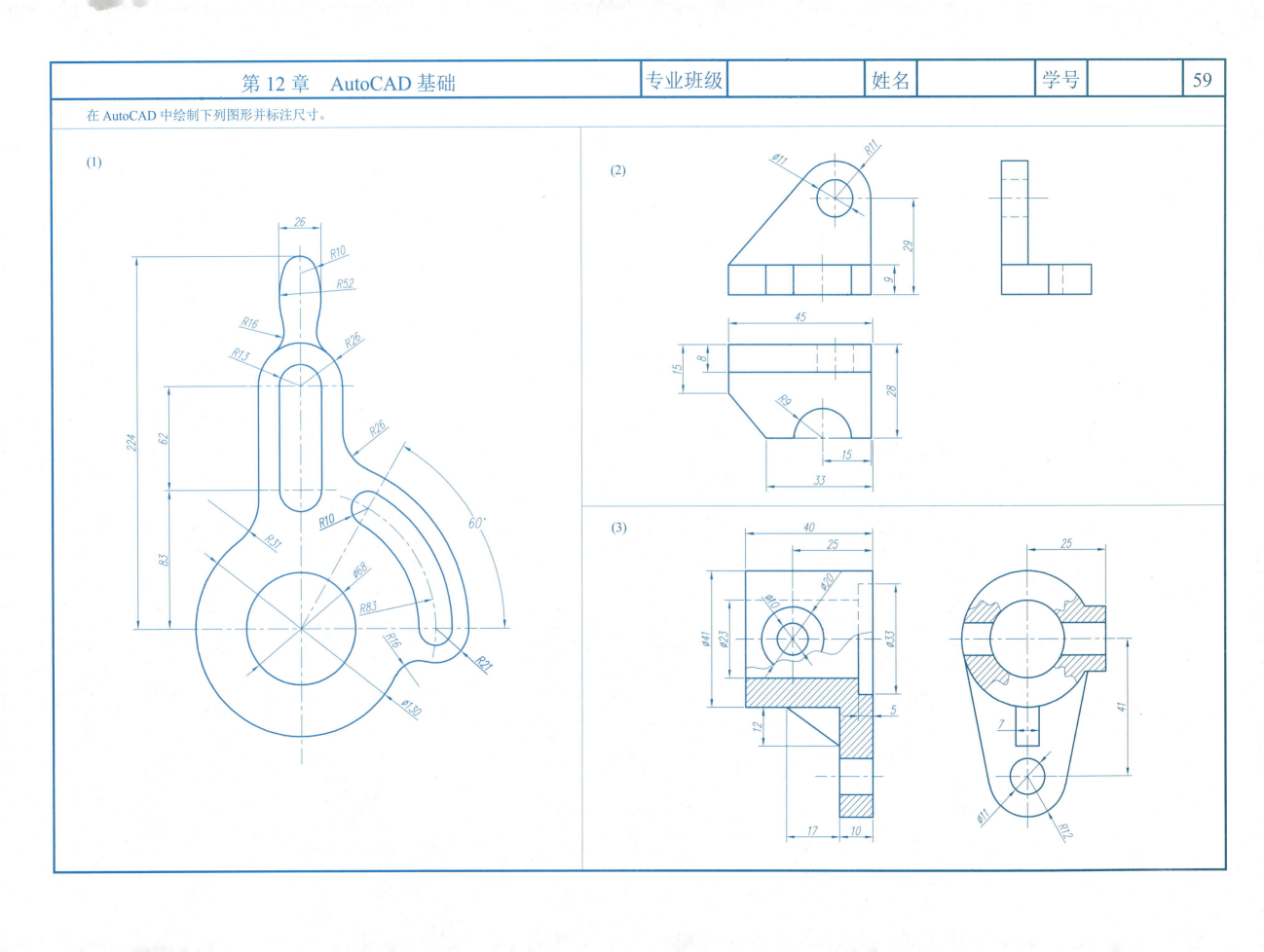

# 第 13 章　建筑制图简介

1. 一个建筑物的施工图包括哪些？
2. 房屋建筑基本图样包括哪些？分别是怎样形成的？